ちくま新書

宇宙の地政学

倉澤治雄
Kurasawa Haruo

1793

宇宙の地政学【目次】

プロローグ　宇宙を制する者が「未来」を手にする　007

第一章　月をめぐる熾烈な争奪戦　013

米中、第二の「スペースレース」の行方／中国の月探査計画「嫦娥」の全貌／月の裏側を踏査した「玉兎2号」／月のサンプルを持ち帰った「嫦娥5号」／月に水はあるか？／月面基地のための資材／月の地図と領土／アポロ計画の栄光と悲劇／姿を現した月の素顔／「アポロ」から「アルテミス」へ／先行する米国の「アルテミスI」／アポロ計画の「サターンV型」とアルテミス計画の「SLS」／「嫦娥計画」は最終段階へ／「長征9型」と「長征10型」／月の水争奪戦にインドも参戦／日本「SLIM」の高度なミッション／21世紀最初のムーンウォーカーは誰か？

第二章　米中が火花を散らす宇宙の激戦区　077

火星探査へのいばらの道／一発勝負に賭けた中国の火星探査機「天問」／火星でヘリコプターを

飛ばした米国「パーシビアランス」／中国の宇宙ステーション「天宮」／国際宇宙ステーション「ISS」の命運／花開く民間商用宇宙ステーション／GPSと「北斗」のスタンダード争い／量子衛星通信は中国の独擅場

第三章　国家の威信をかけた中国の宇宙開発　115

宇宙開発史年表／スプートニク・ショックが拓いた「宇宙の時代」／フォン・ブラウン、コロリョフ、銭学森——宇宙開発を先導した人々／「宇宙強国」を目指す中国の国策宇宙開発／ベールに包まれた中国の宇宙開発体制／ロケット発射場の世界比較／「長征」シリーズロケットのラインナップ／中国民間宇宙ベンチャーの夢と現実／百花繚乱、中国の衛星開発

第四章　躍動する米国の宇宙ベンチャー「ニュースペース」　153

宇宙の構造と衛星の軌道／米国ロケット開発の過去、現在、未来／スペースX出現の衝撃／究極の宇宙輸送手段「スターシップ」／通信に革命をもたらす「衛星コンステレーション」／ユニークなアイデアで躍動する「ニュースペース」／目前に迫った商用宇宙旅行と宇宙ホテル／地球観測

データが生み出す新ビジネス／金、プラチナ、ニッケル、動き出した「宇宙資源開発」

第五章　日本の宇宙開発と宇宙安全保障　199
ゼロからのスタートとなった日本の宇宙開発／世界をリードする日本の精緻な深宇宙探査／宇宙が戦闘領域となった日／ベールに包まれる軍事衛星の世界／動き出した日本の宇宙安全保障／増え続けるスペースデブリと「宇宙防衛」／世界に羽ばたく日本の宇宙ベンチャー企業／大学発宇宙ベンチャーの現在と未来／産官学、総力戦の宇宙開発

エピローグ　日本が「未来」を手にするために　253
宇宙へ行った日本人／活発化する宇宙開発競争／全人類の共同の利益／日本の科学技術力／科学技術力凋落の原因は／どこをどう変えるか／宇宙開発は科学技術の総力戦

プロローグ

宇宙を制する者が「未来」を手にする

1957年の「スプートニク・ショック」以来、世界の宇宙開発は旧ソビエト連邦（現ロシア）と米国が牽引し、欧州、日本、中国などが続いた。ロケットから衛星まで一貫して自前で設計、開発、製造するには高度な科学技術の体系、莫大な資金、それに多数の有能な人材が必要であり、これらを満たす国は限られていた。

21世紀に入ると中国が独力で有人宇宙飛行に成功、著しい躍進を遂げて米国の宇宙覇権を脅かすほどとなった。同時に米国では「ニュースペース」と呼ばれる民間宇宙ベンチャー企業が台頭し、「宇宙の地政学」は「米ソ」から「米中」へ、「国策」から「民間」へ、「国威発揚」から「ビジネス」へ、そして「平和利用」から「軍民一体」へと大きくシフトしたのである。

米中の宇宙開発競争は月のポジション獲得をめぐって顕在化した。21世紀初となる有人月面探査を目指して、米中双方が巨大ロケットや宇宙船の開発でしのぎを削る。米国の「アルテミス」計画と中国の「嫦娥《じょうが》」プロジェクトは、いずれも月への有人飛行だけでなく、恒久的な月面基地の建設を目指す。また2023年にはインドが「チャンドラヤーン3号」の月面着陸に成功したほか、ロシアが「ルナ25号」、そして日本が「SLIM」を打ち上げた。月への関心は高まるばかりである。

火星探査でも技術の粋を尽くしたチャレンジが続く。2021年に火星に到達した米国の火星探査機「パーシビアランス」と中国の「天問《てんもん》」は現在も火星で探査を続ける。火星には大気が存在し、「人類が移住できる可能性がある」といわれる。米国は火星で初めてヘリコプター「インジェニュイティ」を飛ばしたほか、火星の大気で酸素を創り出すことに成功した。次のミッションは火星からのサンプルリターンである。米国の宇宙ベンチャー「スペースX」は2018年、超大型ロケット「ファルコンヘビー」でテスラ初のEV「ロードスター」を火星に向けて打ち上げた。「スペースX」は独自に「火星移住計画」を進めるという。

米中の競争は宇宙のあらゆる分野に及ぶ。国際宇宙ステーション「ISS」と中国の「天《てん》宮《きゆう》」、測位航行衛星「GPS」と「北斗」、衛星通信コンステレーション「スターリンク」と「国網《こくもう》」など、先行する米国を中国が猛追する構図となっている。「量子衛星通信」ではむしろ中国が先頭を走っている。宇宙開発の動向は私たちの社会インフラにも直結しているのである。「ニュースペース」と呼ばれる宇宙ベンチャー企業の活躍は目覚ましい。超小型から超大型に至る新型ロケット開発、精密測位や高速通信を実現する高度な衛星群、さらには宇宙旅行、宇宙ホテル、宇宙エンターテインメント、宇宙資源開発、宇宙コロニーまで、ユニークなアイデアで宇宙ビジネスの実現を目指す。現代は「宇宙イノベーションの時代」といっても過言ではない。

宇宙はまた「戦闘領域」でもある。あらゆる技術は「軍民両用（デュアルユース）」であり、宇宙も例外ではない。偵察衛星、早期警戒衛星、宇宙通信、衛星攻撃兵器（ＡＳＡＴ）など、宇宙兵器はサイバー兵器や電磁波攻撃とともに、戦争の帰趨を決する上で決定的な役割を果たすことになる。

戦後、ゼロからのスタートとなった日本は、ロケットや衛星を自前で開発できる数少ない国の一つとなった。全長わずか23センチの「ペンシルロケット」から全長63メートルの「Ｈ３」ロケット開発に至るには、様々な苦難を乗り越えなければならなかった。独力で有人宇宙飛行が実現できる時こそ、「科学技術立国日本」が復活する日なのである。

後世の科学史家が今日を振り返った時、21世紀初頭は「パラダイムシフトの時代だった」と映ることだろう。２０２３年のノーベル生理学・医学賞は米ペンシルバニア大学のカタリン・カリコとドリュー・ワイスマンに贈られた。授賞理由となったのは短期間で新型コロナワクチンの製造にこぎつけたメッセンジャーＲＮＡ（ｍＲＮＡ）技術の開発である。ｍＲＮＡは遺伝子であり、かつて遺伝子操作は「神の領域に手を染めること」とされていた。現在はウイルスどころか、生物の最小単位である細胞を人工的に合成することさえできるようになった。

脳に小さなＩＣチップを埋め込んで、運動機能の回復や睡眠・記憶のコントロールに使う研究も実践段階に入ろうとしている。ブレイン・マシーン・インターフェイス（BMI）やブレイン・コンピュータ・インターフェイス（BCI）と呼ばれる技術である。睡眠中に見る夢をテレビモニターに可視化する技術はすでに確立している。

量子科学の世界では量子コンピュータや量子通信などが実用段階に入りつつある。絶対に破られない通信やどれほど難解な問題もたちどころに解いてしまうコンピュータがやがて出現するだろう。戦争の形態も間違いなく変わる。AIを組み込んだドローンやロボットだけではない。銃で撃たれても痛みを感じない人間の研究などが現実に行われている。

人間社会に最も大きな影響を与えるのが生成AIである。2022年11月、米国のベンチャー、オープンAIがリリースしたChatGPT（チャットGPT）はたちまち世界を席巻した。人類が今日まで発展を遂げたのは「二足歩行」「火の利用」そして「言語」だと言われているが、その言語をAIが紡ぎだす時代となったのである。

宇宙開発は国力を測るバロメータの一つである。宇宙開発には持てる技術力をすべて投入しなければならない。その意味で「宇宙を制する者」は間違いなく「未来を手にする」ことになる。日本でもユニークなアイデアや技術を手にした宇宙ベンチャーが芽を吹き始めた。ロケットや新型エンジンの開発、超小型衛星の新しい展開、リモートセンシング、宇宙デブリ除去、人工流れ星など、小粒でも世界に類例をみない宇宙ベンチャー企業が出現しており、いずれ全地球規模で大輪の花を咲かせる日が来るだろう。

果たして宇宙を制する者は誰なのか、日々刻々と進化する宇宙開発の現状を見つめながら、宇宙レースの近未来を読者とともに読み解いていくことにする。

第一章

月をめぐる熾烈な争奪戦

†米中、第二の「スペースレース」の行方

人類が初めて月に第一歩をしるしたのは1969年7月21日午前2時56分（協定世界時UTC）のことである。「アポロ11号」のニール・アームストロング船長とバズ・オルドリン宇宙飛行士が月着陸船「イーグル」で月面に降り立った。月の周回軌道上ではマイケル・コリンズ宇宙飛行士が司令船「コロンビア」で待機していた。アームストロング船長が最初の一歩を踏み出す瞬間はテレビを通じて全世界に中継された。

「これは一人の人間の小さな一歩だが、人類にとっては大きな飛躍である」（That's one small step for a man, one giant leap for mankind）

アームストロング船長の一言は月に降り立った人類が発した最初の言葉となった。その後アポロ計画では6回の有人探査に成功し、月面に足跡を刻んだ「ムーンウォーカー」は12人となった。1972年12月のアポロ17号で最後に足跡を刻んだユージン・サーナン宇宙飛行士は1972年12月、月を去る時に次のように語った。

「今日の米国の挑戦は明日の人類の運命をより強固なものにしました。そして私たちがタウルス・リトロー（アポロ17号の着陸地点）に来た時と同じように、いまここから去っていきます。

12人のムーンウォーカー

1969	アポロ11号	ニール・アームストロング	1930-2012
1969	アポロ11号	バズ・オルドリン	1930-
1969	アポロ12号	ピート・コンラッド	1930-1999
1969	アポロ12号	アラン・ビーン	1932-2018
1971	アポロ14号	アラン・シェパード	1923-1998
1971	アポロ14号	エドガー・ミッチェル	1930-2016
1971	アポロ15号	デイヴィッド・スコット	1932-
1971	アポロ15号	ジェームズ・アーウィン	1930-1991
1972	アポロ16号	ジョン・ヤング	1930-2018
1972	アポロ16号	チャールズ・デューク	1935-
1972	アポロ17号	ユージン・サーナン	1934-2017
1972	アポロ17号	ハリソン・シュミット	1935-

そして神の意志に従い、人類の平和と希望とともに、再びここに戻ってくるでしょう」

しかし以後、50年以上にわたって、人類が月に足を踏み入れることはなかった。

再び月を目指すきっかけとなったのは宇宙開発分野での中国の躍進である。遅れてきた中国はアポロ11号による人類初の有人月面着陸から50年目となる2019年、月探査機「嫦娥4号」を世界で初めて月の裏側に着陸させることに成功した。

月は常に「表の顔」を地球に向けており、地球から月の裏側を見通すことはできない。地球から探査機にコマンドを送ることもできなければ、データを地球に送信することもできないのである。中国はこれを解決するために、地球と月の重力、そして探査機の遠心力が釣り合う「ラグランジュ点」に

「鵲橋《じゃっきょう》」という中継衛星を配置した。世界初の快挙である。

「嫦娥4号」の成功は米国の対抗心に火をつけた。当時の米国マイク・ペンス副大統領は2019年3月26日、自ら主宰する国家宇宙会議で次のように語った。

「中国は昨年、月の裏側にいち早く到達し、月での戦略的ポジションを獲得し、世界の卓越した「宇宙強国」になるという野心を明らかにしました。次に月面に立つ女性と男性は米国の宇宙飛行士であり、米国の国土から、米国のロケットで打ち上げられなければならないのです」

米国は21世紀初となる有人月面探査を目指して、「アルテミス計画」をスタートさせた。

中国も負けてはいない。「嫦娥5号」で月面からのサンプルリターンを成功させ、「嫦娥6号」から「8号」では、有人月面探査を実現するための月面基地の構築を目指す。21世紀初となる有人月面探査レースの勝者は米国か、中国か、全く予断を許さない状況となった。

月に注目が集まる理由はもう一つある。水の存在だ。大気が存在しない月では太陽風などによって月面の水は吹き飛ばされたと考えられてきた。しかし月の南極近傍にあるクレーターには太陽風の影響を受けない「永久影」があり、水の存在がほぼ確実となったのである。

水があれば生命を維持できる。また水を酸素と水素に分解してエネルギー源として使うこともできる。さらには月の表面の「レゴリス」と呼ばれる土壌には鉄などの成分が含まれており、

3Dプリンティング技術を駆使して構造物を建設することも不可能ではなくなった。月面基地は火星へのステップとなるだけでなく、宇宙の奥深くまで人類が到達するためのベースキャンプとなりうるのである。事実、「アルテミス計画」を決めた当時のドナルド・J・トランプ大統領は「月面に米国旗を掲げ、足跡を残すためだけではない。火星探査に向けて月面に基盤を築くことが目標である」と語った。

1957年の旧ソ連「スプートニク・ショック」で始まった「スペースレース」はアポロ計画で米国の勝利で終わった。21世紀の「スペースレース」の挑戦者は巨大な中国である。中国の宇宙開発を一手に担う中国航天科技集団の張智《ちょうち》総設計師は2018年11月、「宇宙を制する者が未来を手にする」と語った。21世紀初の有人月面探査をめぐる戦いの火ぶたはすでに切られた。

†中国の月探査計画「嫦娥」の全貌

米国の対抗心に火をつけた中国の月探査プロジェクト「嫦娥計画」は胡錦濤《こきんとう》政権下の2004年1月23日に始まった。当時の温家宝《おんかほう》首相がプロジェクトを承認、2月25日には「月探査プロジェクト指導グループ」の第一回会議が開かれ、「嫦娥計画」と名付けられた。

「嫦娥」とは伝説上の美女である。弓矢の名手だった夫「后羿《こうげい》」は、人々を苦しめていた10個ある太陽のうち9個を射落としたことで、神話上の仙女「西王母」から不老不死の霊薬を授かった。嫦娥は密かにこれを飲んで月に昇ったとの故事「嫦娥奔月《ほんげつ》」に由来する。

「嫦娥計画」は「繞《にょう》」「落《らく》」「回《かい》」の三段階から成る。「繞」は月周回軌道への探査機の投入、「落」は月面への軟着陸、「回」はサンプルリターンである。第Ⅰ期の「繞」は２００７年10月24日の「嫦娥1号」打ち上げで始まった。２０１０年10月1日の国慶節には「嫦娥2号」が打ち上げられた。「嫦娥1号」は月面高度２００キロ、「嫦娥2号」は高度１００キロの月周回軌道に投入され、月面の三次元画像を取得するとともに、環境調査や土壌に分布する元素分析などの調査を行った。搭載機器はＣＣＤ立体カメラ、各種分光器、粒子測定器などである。とくに「嫦娥2号」は解像度7メートルの精度による月面全体の画像取得に成功、「嫦娥3号」以降の軟着陸の適地を決めるうえで重要な役割を果たした。

第Ⅱ期の「落」は「嫦娥3号」と「嫦娥4号」による月面への軟着陸である。「嫦娥3号」は２０１３年12月1日に打ち上げられ、12月14日に月面への軟着陸に成功した。ソ連の「ルナ9号」は１９６６年2月3日、米国の「サーベイヤ1号」は同年6月2日に月面着陸を果たしており、中国は米ソに遅れること47年で、月面着陸3番目の国となった。また１９７６年8月

9日の「ルナ24号」以来、37年ぶりの月面探査となった。

「嫦娥3号」は月面ローバー「玉兎《ぎょくと》」の展開にも成功した。「玉兎」の名は「嫦娥」の傍らで薬草を調合する月のウサギに由来する。重量137キロ、6つの車輪で月面を走行し、地質調査や地下構造の探査が期待された。しかし月の2日目の夜、地球では約1か月半後の2014年1月24日、制御回路が故障して走行不能となった。原因は300度を超える昼夜の寒暖差によるものと見られている。

✝月の裏側を踏査した「玉兎2号」

米国の対抗心に火をつけた「嫦娥4号」は2018年12月8日に打ち上げられ、2019年1月3日に月の裏側に着陸した。着陸地点は月の裏側の南極近く、エイトケン盆地にある直径150キロほどの「フォン・カルマン・クレーター」である。エイトケン盆地は直径約2500キロと月で最も大きく、最も古く、最も深い盆地で、数十億年前に直径500キロほどの巨大な隕石が衝突してできたとされる。巨大隕石は月のマントルにまで達し、エイトケン盆地にはその時に噴出した物質が散在している。

「嫦娥4号」の総重量は約3・8トン、着陸船は1・2トンで、月面ローバー「玉兎2号」の放出にも成功した。「嫦娥3号」の「玉兎」が月の2日目で走行不能となったのに対し、「玉兎2号」は4年以上経過した2023年1月末までに1455メートルを踏破、月の裏側の画像1000枚以上を地球に送り続けた。月面ローバーの最長活動記録であるソ連の「ルノホート1号」が持つ321日を大幅に塗り替えた。「ルノホート」はロシア語で「月を歩く人」の意である。

「玉兎2号」には多数の観測機器が搭載された。2台のフルパノラマカメラは至近距離から月面の画像を得ることができる。これまでの画像解析で月の裏側は表側と違って、ややべたついたローム質だという。

「玉兎2号」の底部には地下探査レーダーが搭載されている。月の地層をCTスキャンのように調べる装置で、2020年2月には月の表面から40メートルまでの地層を明らかにした。第1層の地下12メートルまでは細かな土壌に覆われ、12メートルから24メートルの第2層は大量の石でできており、第3層の24メートルから40メートルには古くて風化した土壌が堆積していることが明らかになった。

また2023年8月には地下300メートルまでの探査結果が科学雑誌『ジャーナル・オブ・ジオフィジカル・リサーチ』に掲載され、地下40メートルより深い層に、月の溶岩が5層に分かれて存在していると明らかにした。

さらに放射線測定器や中性原子測定器を使って、月面での居住環境の調査が行われた。月面には大気圏や磁気圏が存在しないため、太陽からもたらされる粒子（Solar Particle）や太陽系外に起源をもつ宇宙放射線をもろに受ける。月面に人間が一定期間滞在するとなると、飛び交う放射線や粒子が多いことから、放射線対策が最も重要となる。

玉兎２号 ©CNSA/CLEP

「嫦娥４号」本体には低周波電波観測装置が搭載されており、５メートルのアンテナ３本が展開された。宇宙空間の低周波電波を観測する装置で、月の裏側で地球からのノイズに邪魔されず、宇宙空間からの微弱な低周波を観測できるのではと期待されている。ほかにも土壌の成分を探るための可視近赤外や赤外域での分光計などが搭載されていた。

前述の通り、月の裏側は地球から見通すことができない。この問題を解決するために月と地球を同時に見通せるポイントに中継衛星が投入された。「鵲橋」である。「鵲橋」とは7月7日の七夕に織姫と彦星が天の川を渡る橋の名である。

地球と月の重力を受けながら、衛星が安定してとどまることのできる点が「ラグランジュ点」で、地球と月を結ぶ直線状に3点、地球と月を結ぶ三角地点に2点ある。「鵲橋」は地球から44・6万キロ、月から6・2万キロの第2ラグランジュ点に投入された。ラグランジュ点に中継衛星を投入して月と地球の間の常時通信を確立したのは世界で初めてのことである。

ラグランジュ点

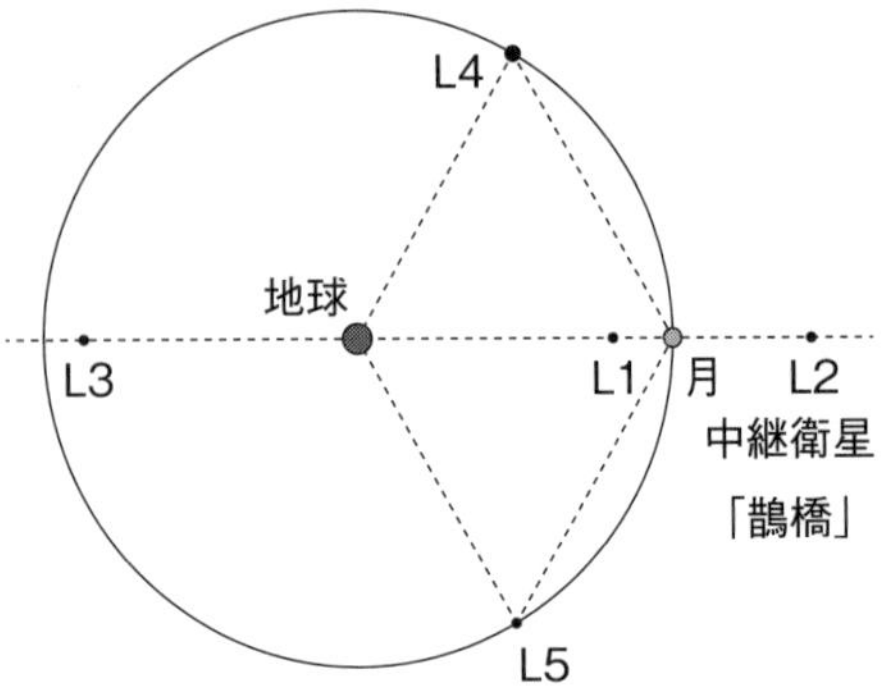

最も重要な挑戦は「嫦娥4号」本体に搭載されていた生態圏実験室である。生態圏実験室はアルミ合金製の密封容器で、ジャガイモ、綿花、シロイヌナズナ、アブラナ、トマトなどの栽培実験が行われた。実験室内には光ファイバーで太陽光が引き込まれ、水、栄養液、酸素など

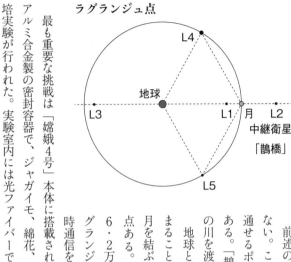

で生態環境を整えるとともに、蚕、ミバエの卵、酵母菌などが封入されていた。

着陸から12日後、中国の研究チームは「綿花の発芽が確認された」と発表したが、月の2日ほどで枯れてしまった。海外メディアは「綿花は一夜で枯れていた」(『ニューズウィーク』)などと厳しい評価を下したが、月面基地での野菜、繊維、食用油などの自給を目指す重要な実験となった。

その後も中国は宇宙環境を経た種苗の生育実験などを続けている。2021年1月には「嫦娥5号」で23日間宇宙を旅した「航聚香絲苗」と呼ばれるイネが発芽したと発表した。また3月にはこのイネを含む複数の「宇宙イネ」が田んぼに植えられたと発表した。宇宙では放射線により植物にも突然変異が起き得る。植物が宇宙環境で生育できるかどうかを確認することは、有人宇宙探査では死活的な意味を帯びてくるのである。

月のサンプルを持ち帰った「嫦娥5号」

第Ⅲ期「回」のフェーズは2020年11月24日の「嫦娥5号」打ち上げで始まった。「嫦娥5号」は月の表側北西部「嵐の大洋」近くの「リュムケル山」付近に着陸した。最大のミッションは月の土壌を地球に持ち帰るサンプルリターンである。この目的に合わせてカメラや分光計のほか、サンプルの温度を測る温度計、土壌の構造を検出する地中レーダー、土壌に含まれるガスの分析器、掘削のためのシャベル、岩石を砕くためのドリルなどが積まれていた。

無人のサンプルリターンは極めて難易度が高く、これまでに成功したのはソ連だけである。ソ連は1970年9月12日に打ち上げた無人月探査機「ルナ16号」で初めて101グラムのサンプルリターンに成功、1972年には「ルナ20号」で30グラム、1976年には「ルナ24号」で170グラムのサンプルを持ち帰った。

米国は1969年のアポロ11号が21・5キロを持ち帰ったほか、アポロ計画全体で約382キロという大量のサンプルを持ち帰ったが、すべて「有人」、つまり「人力」だった。

「嫦娥5号」のサンプルリターンでは複雑な方式が採用された。「嫦娥5号」の総重量は8・2トンで、軌道モジュール、帰還モジュール、着陸モジュール、上昇モジュールから成る。月の周回軌道に達した軌道モジュールから、まず着陸モジュールが月面に降ろされた。月面では表面の土壌を収集するとともに、ドリルを打ち込んで掘り出した深層土壌を採取してカプセルに封入、上昇モジュールの内部に収めた。

上昇モジュールは着陸モジュールを切り離してエンジンに点火、上昇して月周回軌道上の帰還モジュールとドッキングした。その後カプセルは上昇モジュールから帰還モジュールへと移し替えられ、最後に不要となった部分を切り離して、帰還モジュールのエンジンに点火した。カプセルを搭載した帰還モジュールは一路地球へと向かい、大気圏に再突入、2020年12月17日に無事地上で回収されたのである。

これらすべてのプロセスが自動で行われた意義は大きい。回収されたサンプルの量は1731グラムだった。こうして中国は米国、ソ連に次いで、月のサンプルリターンに成功した3番目の国となったのである。

中国政府は同日、「嫦娥計画」の第Ⅲ期が終了したと宣言するとともに、「地球外天体での採取」「地球外天体での点火、離陸、軌道投入」「月周回軌道でのドッキング」「地球への再突入と帰還」「試料の保存、分析、研究システムの構築」という5つの任務で「中国初」を達成したとアピールした。

†月に水はあるか？

「嫦娥5号」が持ち帰った月のサンプルは12月19日、直ちに国家航天局から中国科学院国家天文台に引き渡された。サンプルは世界各国の研究者の手に渡り、現在も分析が続けられている。

サンプルリターンの科学的目標として、中国政府は月の土壌や岩石の組成と構造の調査、微量元素や同位体の分析、宇宙線や太陽風と土壌の相互作用、月の起源と歴史の探究などを挙げているが、最も重要な目標が水の存在の確認であることは論を俟《ま》たない。

「月の水」の探査には長い歴史がある。月の表面近くに存在する水は太陽風や太陽の放射熱で宇宙に拡散してしまうと考えられていた。しかし分光分析技術の著しい発展により、ごく微量の水分子や水酸化物イオンを検出できるようになったことから、「月の水資源探査」が注目を浴びるようになった。とくに月の南極や北極付近には太陽光がさえぎられているクレーターがあり、「永久影」と呼ばれる部分に氷の形で存在するのではないかと期待されている。

1998年に打ち上げられた米国の「ルナ・プロスペクター」は、水素の検出が可能な分光計を用いて、極域で水素原子の濃度が高いことを発見した。2008年にはインドの月面探査機「チャンドラヤーン1号」が南極付近に向けて「Moon Impact Probe」という「おもり」を月面に衝突させ、舞い上がった塵を分析したところ、水の分子やヒドロキシ基（-OH基）が検出された。

さらにNASAが月周回探査機「ルナ・リコネッサンス・オービター（LRO）」に搭載された小型合成開口レーダーのデータを分析したところ、月の北極附近の「永久影」に総計6億トンの水が存在する可能性があるとの結論に至った。

2022年1月、「嫦娥5号」のサンプルを分析していた中国科学院地質地球研究所の研究グループは「月の土壌」に1トン当たり約120グラム、「月の岩石」には約180グラムの「水」が含まれていると発表した。水は鉱物に含まれていたほか、ヒドロキシ基の形で存在しており、一定のプロセスを加えれば飲料水としても利用可能であるという。水の含有量が定量的に明らかにされたのは初めてのことである。

地球から月にロケットで水を運ぶとなると、打ち上げ費用だけで1キロ当たり約100万円、月まで運ぶとなると1億円を超えるコストがかかる。500ミリリットルのペットボトル2本分で1億円である。水を現地調達できるかどうかは、今後の月探査に極めて重要な意味を持っているのである。

月面基地のための資材

「月の水」と並んで注目されるのが土壌である。表面を覆う「レゴリス」の成分は約半分がガラス質の二酸化ケイ素（SiO_2）で、ほかに鉄、アルミニウム、カルシウムなどの酸化物を含む。宇宙から降り注ぐ塵のような粒子が月の表面に衝突し、発生した高熱で微小なガラス状になったとみられている。月面に構築物を建設するためには大量の資材を運ばなければならない。

建築材料を月面で現地調達できれば、コストは大幅に下がる。「現場（On Site）」で有用物質を活用するコンセプトは「ISRU（In-Situ Resource Utilization）」と呼ばれる。

すでに3Dプリンティング技術を使って構造物を作る研究が行われている。中国地質大学のグループは2022年9月、月の土壌に高い断熱性があり、月面基地の断熱材として使える可能性があると発表した。

また2021年12月には中国科学院紫金山天文台のグループなどが、岩石に体積率で17・8%の「イルメナイト（チタン鉄鉱）」が含まれていたことから、採取したサンプルは「高チタン玄武岩」であると発表した。比重の大きな「高チタン玄武岩」が地表で見つかったことから、研究グループは過去に複数回の火山噴火を起こし、マグマとともに噴出した可能性があるとしている。

さらに2022年9月、中国国家航天局などのグループは月の玄武岩から見つかった粒の中に、リン酸塩鉱物の柱状結晶を発見、これを「嫦娥石」と名付けたと発表した。

米国企業も負けてはいない。「アストロボティック・テクノロジー」はレゴリスから太陽電池パネルを作る技術を開発、ブルーオリジンは同じくレゴリスから酸素、鉄、シリコン、アルミニウムを抽出する技術の開発を進めている。さらに「レッド・ワイア」はレゴリスを焼結して構造材を作る研究を行っている。

月の資源探査の隠れた狙いはヘリウム3という物質にある。ヘリウム3は第三世代核融合の材料として重要な役割を果たすとみられているが、地球には極めて微量しか存在しない。月面には数十万トンから100万トンが存在すると期待されており、ヘリウム3の検出は「嫦娥5号」の重要な目標の一つとなっていた。

太陽の内部では水素（H）と水素（H）の核融合で膨大なエネルギーが作られているが、地球上で核融合を実現するための反応としては第一世代の重水素（D：Deuterium）と三重水素（T：Tritium）、第二世代の重水素（D）と重水素（D）、そして第三世代の重水素（D）とヘリウム3の3つの組み合わせが考えられている。最も研究されているのが重水素（D）と三重水素（T）の反応だが、高エネルギーの中性子が大量に飛び出して、周囲を放射化してしまう欠点がある。重水素とヘリウム3の反応では、中性子の発生を極力抑えることができることから、クリーンな核融合と期待されているのである。

2022年5月31日、中国深圳にある松山湖材料実験室のグループは月のレゴリス表面のガラス結晶の中に、気体のヘリウム3が閉じ込められていることを発見した。実験グループはレゴリスをすり潰すことで、ヘリウム3を取り出すことが可能であるとしている。もちろん核融合に使える量のヘリウム3を取り出すには膨大なレゴリスを処理しなければならないが、100万トン近い月のヘリウム3は、地球で使うエネルギーの2600年分に相当するという。

†月の地図と領土

月面の地図製作は17世紀にはすでに始まっていた。1609年に望遠鏡、1839年には写真術が発明されたことから、ヨーロッパでは19世紀末までに数多くの月面地図が出版された。しかし同じクレーターに複数の名前が付けられるなどの混乱が生じたことから、20世紀になると国際天文学連合（IAU）がカタログとして登録するようになった。1969年にアポロ11号が着陸した「静かの海」はイタリアの天文学者で月面地図を作ったジョバンニ・リッチョーリ（1598―1671）の命名に由来する。また着陸点は「静かの基地」と名付けられた。

2009年までにIAUが承認した月の地名は1922件にのぼったが、中国が申請したのは11件に過ぎなかった。2010年9月、IAUは「嫦娥1号」によって確認された3つのクレーターに、「蔡倫《さいりん》」、「卒昇《そつしょう》」、「張鈺哲《ちょうぎょくてつ》」と命名することを承認した。蔡倫は後漢の時代に紙を発明したことで知られる。

また2015年には「嫦娥3号」に搭載された月面ローバー「玉兎」が走破した地域を「広《こう》

寒宮《かんきゅう》」、付近の3つのクレーターをそれぞれ「紫微《しび》」「天市《てんし》」「太微《たいび》」と命名することが認められた。「広寒宮」は伝説上の宮殿で、月に昇った「嫦娥」が住むという。

月の命名にはまず重要な地形を発見する必要がある。そのうえで研究や応用の価値があること、直径100メートル以上であること、月面研究や観測に役立つことなどの条件がある。またクレーターは著名な科学者の名前、山脈や高地は地球上に存在する名前であることなどがIAUによって定められている。

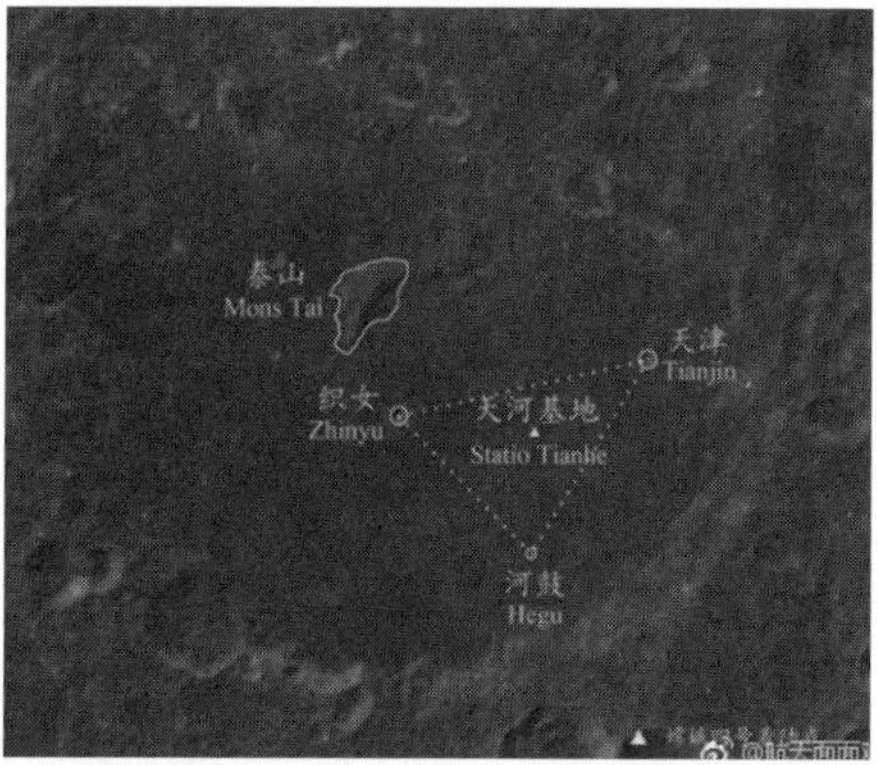

中国が命名した「天河基地」©CNSA/CLEP

嫦娥4号が着陸した月の裏側にも中国名が付けられた。2019年2月、中国国家宇宙局は「嫦娥4号」が着陸した地点を「天河基地」と命名した。「天河」は「天の川」の意である。月の名称に「基地」が付くのは、アポロ11号の「静かの基地」に次いで2番目である。

また着陸地点を囲む3つのクレーターはそれぞれ

「織女《しょくじょ》」「河鼓《かこ》」「天津《てんしん》」と名付けられた。「織女」は織姫のベガ、「河鼓」は彦星のアルタイル、「天津」は白鳥座のデネブを指す。さらに着陸エリアのフォン・カルマン・クレーターにある標高4305メートルの山は、中国山東省の世界遺産にちなんで「泰山」と命名された。

もちろん命名したからといって領土となるわけではない。宇宙開発の秩序を定めた宇宙条約第2条は、月やその他の天体が「領土として認められないこと」を明記している。しかし月面に人間が長期に滞在するようになれば、地図と地名は極めて重要で、月面での中国のプレゼンスを高めることとなるだろう。

†アポロ計画の栄光と悲劇

「アポロ計画」は「悲劇」から始まった。1961年にスタートしたアポロ計画は1966年、超大型ロケット「サターン」と「アポロ宇宙船」の開発をほぼ終え、試験飛行のフェーズに入った。1966年2月26日には「アポロAS-201」が無人の弾道飛行、7月には「AS-202」が地球周回飛行に成功した。8月25日には「AS-203」で大気圏突入試験が行われ、初の有人飛行「AS-204」は1967年2月21日と決まり、準備が進められていた。

1月27日、ケープ・カナベラル空軍基地34番発射台ではアポロ宇宙船の最終試験が行われていた。ガス・グリソム船長、エドワード・ホワイト副操縦士、ロジャー・チャフィー宇宙飛行士は宇宙服に身を包み、密閉された宇宙船内で電源などのチェックに追われていた。試験開始から5時間後の現地時間午後6時30分、突然操縦室内で火災が発生した。火はたちまち燃え広がり、宇宙船内で爆発が起きた。数分後には鎮火したが、3人の宇宙飛行士は全員が死亡した。管制室内のモニターには逃げ惑う3人の様子が映し出されていたという。

ＮＡＳＡは直ちに「アポロ２０４調査委員会」を立ち上げ、事故原因の究明に乗り出した。詳細な原因は今日まで不明のままだが、船内にケーブルを含めて可燃物質が多くあったこと、酸素濃度が高かったこと、船内には火花を飛ばす機器があったことなどが明らかにされた。

悲劇的なスタートとなったアポロ計画だったが、破局的な事態を乗り切る強い意志と能力こそが米国の強さの秘密である。３人の尊い犠牲を忘れないため、「タフで有能たれ（Tough and Competent）」がＮＡＳＡの合言葉となった。「アポロ１号」の慰霊祭は60年近くたった今も続けられている。

計画は約20か月間停止したが、その間に徹底的な事故原因の究明とハード、ソフトウェアの改修が行われた。１９６７年11月9日、「アポロ４号」で計画は再開した。４号、５号、６号と無人での打ち上げが行われた後、１９６８年10月、有人での地球周回飛行が行われた。史上

月面で国旗に敬意を表するバズ・オルドリン宇宙飛行士 ©NASA

初めて人類が地球の軌道を離れて、月の軌道を周回したのは１９６８年12月21日に打ち上げられた「アポロ８号」である。続く「アポロ９号」は地球周回軌道での船外活動、「アポロ10号」は２度目の月周回と万全の準備が整えられた。

有人月面着陸を実現する方式は複数あったが、アポロ計画では「月周回軌道ランデブー方式」（Lunar Orbit Rendezvous：ＬＯＲ）がとられた。「アポロ11号」は１９６９年７月16日、ケネディ宇宙センターの39Ａ発射台から「サターンＶ型」ロケットで打ち上げられた。３日後の７月19日には月周回軌道に入った。翌20日、アームストロング船長とオルドリン宇宙飛行士は着陸船「イーグル」で月面に向かって降下を開始、20日20時17分（ＵＴＣ：協定世界時）に月面に着陸した。司令船「コロンビア」ではコリンズ飛行士が待機していた。約７時間後の７月21日２時56分15秒（ＵＴＣ）、アームストロング船長が「イーグル」を出て、人類史上初めて月に降り立った。

月面着陸の模様は世界47か国で生中継され、6億人が見たといわれる。月面に持ち込まれたテレビカメラは強い衝撃や振動、激しい温度変化、そして強い放射線に耐えられる高感度の撮像管を備えていた。月からの電波は38万キロの宇宙空間を超えて、オーストラリア・パークス天文台にある直径64メートルの巨大パラボラアンテナで受信され、インテルサット衛星を通じて米国に送られた。中継映像はさらにインテルサットで世界に配信されたのである。日本でもNHKと全民放が長時間の特別番組を組み、筆者を含む国民の68%がテレビにくぎ付けとなった。

†姿を現した月の素顔

「アポロ11号」からわずか4か月後の11月14日、「アポロ12号」が再び月面に着陸した。しかし半年後の1970年4月11日に打ち上げられた「アポロ13号」は月に向かう軌道上、地球から33万キロの地点で、酸素タンクが爆発、3人の乗組員は間一髪で司令船から着陸船に乗り移った。電源と酸素がほぼ失われる中、地上では全米のコンピュータを動員した軌道計算が行われ、引き返すのではなく、月を周回して地球に戻ることが決定された。打ち上げから4日後の

4月15日、月に最接近した「アポロ13号」は月をぐるりと回って地球への軌道に乗り、17日には全員が無事地球に帰還したのである。

乗組員の迅速な行動と地上管制室の適切な判断が功を奏したことから、のちに「最も成功した失敗」(Most Successful Failure) と呼ばれるようになった。1971年1月31日に打ち上げられた「アポロ14号」には米国で初めて宇宙飛行に成功したアラン・シェパードが船長として乗り込んだ。シェパード船長は月面で初めてゴルフボールを2球打った。彼の名はジェフ・ベゾスが率いる宇宙ベンチャー「ブルーオリジン」の垂直離着陸宇宙船「ニューシェパード」に刻まれている。

「アポロ15号」は半年後の7月26日に打ち上げられ、初めて四輪駆動の月面車を使用した。月面車「LRV (Lunar Roving Vehicle)」は「ムーンバギー」とも呼ばれた。LRVにより月面での行動範囲は格段に広がった。「アポロ15号」の月面車は27・76キロを最高速度時速13キロで走破した。

1972年4月15日に打ち上げられた「アポロ16号」は初めて月の高地を探索、古い時期のサンプルを採取して月の地質学的な解明に貢献した。「アポロ計画」最後の飛行となった「アポロ17号」は1972年12月7日に打ち上げられた。初めて地質学者のハリソン・シュミットが搭乗し、110・52キロという最大量の「月の石」を持ち帰った。

「アポロ計画」では様々な観測機器が月面に持ち込まれた。「アポロ11号」は「EASEP」(Early Apollo Scientific Experiments Package)、「アポロ12号」以降は「ALSEP」(Apollo Lunar Surface Experiments Package)が月面に設置された。「ALSEP」に搭載された観測機器は受動地震計(PSEP)、能動地震計(ASE)、月面磁力計(LSM)、太陽観測装置(SWS)、高速イオン検出計(SIDE)、大気組成検出器(LACE)、低温陰極ゲージ(CCIG)、熱流量測定器(HFE)、荷電粒子測定器(CPLEE)、塵埃探知機、月面重力計(LSG)、放出物・隕石検出器(LEAM)、レーザー測距リフレクター(LRRR)など多岐にわたった。零下200度の「月の夜」に耐えるため、プルトニウム238を使った原子力電池も搭載された。

「アポロ計画」は月の成り立ちを解明するうえで決定的な役割を果たした。月が誕生したのは約45億年前である。アポロ11号が着陸した「静かの海」は32億年前の玄武岩の溶岩流で埋められていることが確認された。地球から月面を眺めると海は黒っぽく、高地は白っぽく見える。黒い海は玄武岩、白い高地は斜長岩でできている。

アポロ12号が着陸した「あらしの大洋」は2億年前にマントルから噴き出した黒色の玄武岩

で埋め尽くされていた。アポロ14号が着陸した「雲の海」の中の丘陵は、39億年前に隕石の衝突で「雲の海」ができた時に飛び散った放出物でできていることが確認された。

アポロ15号は「雨の海」のアペニン山脈近くに着陸した。「ムーンバギー」で高地のサンプルを採取、約40億年前にできた「創世記の石」(Genesis Rock)と呼ばれるこぶし大の白い石を発見した。アポロ16号は高地に着陸した。高地では火山岩は見つからず、斜長石などが見つかった。また強い磁場が観測された。

アポロ17号は「晴れの海」の端の山塊に囲まれたタウルス・リトロー谷に降り立った。40億年前に「晴れの海」ができた時に飛び散ったオレンジ色の石、土やガラス、玄武岩、斜長石など、多彩なサンプルが採取された。

月の歴史や構造を知るうえで、「アポロ計画」が果たした役割は計り知れない。採取された約380キロのサンプルは各国の研究機関に配布され、現在も分析が続く。アポロ11号のサンプルは当時のリチャード・ニクソン大統領の命により、米国の50州に加えて世界135か国に配布された。日本でも1969年11月に国立科学博物館の「月の石特別展」で公開されたほか、1970年の大阪万博では日本館で展示され、見学者が長蛇の列をなした。筆者もその一人だった。国立科学博物館では現在も「アポロ11号」と「アポロ17号」の二つの月の石が展示され

アポロ15号の「ムーンバギー」©NASA

ている。

「月の石」の獲得という貴重な成果を独占せず、国際協力で研究を進める姿勢は米国の強さの秘訣でもある。

†「アポロ」から「アルテミス」へ

21世紀に入って、初めて有人月面探査を目標に掲げたのは米国のジョージ・W・ブッシュ大統領である。2004年1月14日にブッシュ大統領が発表した「新宇宙政策」は火星への有人飛行を含む大胆な計画だった。「新宇宙政策」には国際宇宙ステーション（ISS）を2010年までに完成させること、スペースシャトルを引退させることなどに加えて、2008年までに月の無人探査を行い、早ければ2015年、遅くとも2020

年までに有人月面着陸を実現することなどが盛り込まれていた。

2001年9月11日に起きた米国同時多発テロと2003年2月1日のスペースシャトル「コロンビア号空中分解事故」の記憶が生々しく残る中、ブッシュ大統領は「いま一度宇宙に踏み出そう」と訴えたのである。人類が月に長期間滞在できるようになれば火星をはじめ、さらなる有人宇宙探査が可能となる。

「新宇宙政策」にもとづいて、NASAは「コンステレーション計画」を立案した。同計画の核心は有人用の超大型ロケット「アレスⅠ(AresⅠ)型」と貨物打ち上げ用の「アレスⅤ(AresⅤ)型」、有人宇宙船「オリオン(Orion)」、月着陸船「アルテア(Altair)」の開発である。

しかし次のバラク・オバマ大統領は「米国は現在、有人月探査を行うのに必要な技術を保有していない」として、「コンステレーション計画」を凍結した。2010年4月14日に発表されたオバマ大統領の「国家宇宙政策」では、宇宙船「オリオン」の開発は継続となったものの、超大型ロケット「アレスⅠ型」と「アレスⅤ型」の開発は「スペース・ローンチ・システム(SLS)」に再編され、低軌道での宇宙利用については民間企業の参入を奨励した。これにより スペースXをはじめとする「ニュースペース」と呼ばれる民間宇宙ベンチャーが百花繚乱のように登場したのである。

２０１７年１月20日、ドナルド・トランプ大統領が誕生すると再び有人月面探査が息を吹き返した。前述の通り、２０１９年３月26日の国家宇宙会議でマイク・ペンス副大統領は２０２４年までに男女２人の宇宙飛行士を月面に着陸させると宣言した。「アルテミス」はギリシア神話の月の女神で、太陽神の「アポロン」は双子の弟である。

ホワイトハウスの「月の石」©NASA

米国の宇宙政策は大統領が変わるたびに変更と修正を余儀なくされる。ジョー・バイデン大統領はまだ明確な宇宙政策を示していない。ホワイトハウスの執務室にはアポロ17号が採取した３３２グラムの「月の石」（Lunar Sample 76015, 143）が飾られているが、有人月面探査や火星探査について言及することはほとんどない。
「アルテミス計画」を国際協力で進め

るため、米国は2020年10月、カナダ、英国、イタリア、オーストラリア、ルクセンブルク、アラブ首長国連邦、そして日本と「アルテミス合意（Artemis Accords）」を締結した。「アルテミス合意」には宇宙平和利用、宇宙探査計画の透明性、宇宙インフラの相互運用性、緊急時の支援、宇宙物体の登録、科学データの公開、宇宙遺産の保護、宇宙資源の利用、宇宙活動での対立回避、スペースデブリの削減努力などが盛り込まれており、すでに33か国が署名した。しかし中国とロシアの名前はない。

「アルテミス計画」では日本人宇宙飛行士の活躍も期待される。「月ゲートウェイ」での活動には日本人宇宙飛行士が少なくとも1名参加することが日米間で合意されているほか、少なくとも2名を月面での活動に参加させる方向で調整が進んでいる。実現すれば日本人が初めて月面に降り立つことになる。

先行する米国の「アルテミスI」

「アルテミス計画」についてNASAウェブサイトの1ページ目にはこう書かれている。

「NASAはアルテミス・ミッションで初の女性と初の有色人種を月に立たせ、革新的技術で空前の月面開拓を行う。我々は民間及び国際的パートナーと協力し、初めてとなる月面での長

アルテミスⅠの打ち上げ ©NASA

期滞在を確立する。そして月面及び月周辺で学んだことを活用して次の巨大な飛躍を実現する。それは初めての宇宙飛行士を火星に送ることである」

また月の重要性について、次のように書かれている。

「我々は科学的発見、経済的利益、そして新世代の開拓者のインスピレーションのために月に再び向かう。彼らこそが「アルテミス世代」である。米国のリーダーシップを堅持しながら、グローバルな協力関係を構築し、人類の利益に向けて深宇宙を開拓するのである」

このように「アルテミス計画」は単なる月の先陣争いではなく、月面に人類の恒久的な基地を作り、そこから火星をはじめ、有人宇宙探査に乗り出すという壮大な計画なのである。そのために月面にベースキャンプを建設し、月周回軌道には「ゲートウェイ」を構築し、人類が必要な時に月と地球を往復できるようにすることが、「アルテミス計画」の目標なのである。

2022年11月16日午前1時47分（EST：東部標準時間）、無人の宇宙船「オリオン」が巨大ロケット「SLS」で打ち上げられた。「アルテミスⅠ」のスタートである。使われた発射台はアポロ宇宙船打ち上げのために作られたケネディ宇宙センター39発射施設（LC-39）の39B発射台である。

第一段エンジンが切り離された後、打ち上げ18分後には地球周回軌道に入り、太陽電池パネルが展開した。月に向かう軌道への投入に使われたのは暫定極低温推進ステージ（ICPS）で、「SLS」の第二段に相当する。

地球と月の距離は38万4400キロで、月の周回軌道への投入には極めて複雑なオペレーションが必要となる。今回「オリオン」が周回した軌道は「遠方逆行軌道」（DRO：Distant Retrograde Orbit）と呼ばれ、地球と月の重力が釣り合うラグランジュ点を通る軌道で、燃料消費を最小限に抑えることができる。

「オリオン」は月から遠く離れた地点を、月の自転と逆方向に6日間周回した。その間11月26日にはこれまで有人宇宙船が持っていた地球から最も遠い記録である「アポロ13号」の40万1

回収された宇宙船「オリオン」©NASA

71キロを超え、28日には43万2210キロにまで達した。地球に帰還する軌道に乗ったのは12月1日だった。

「アルテミスI」は無人の飛行だったが、宇宙船「オリオン」には3体のマネキンが載せられていた。司令官席に座ったのはムーンキン・カンポスと呼ばれるマネキンである。「カンポス」の名は、事故を起こした「アポロ13号」を地球に無事帰還させた伝説の電気技師アルトゥーロ・カンポスに由来する。カンポスの両脇にはマネキン女性飛行士の「ゾハー」と「ベルガー」が座った。「ゾハー」は「ステムラッド（StemRad）」と呼ばれる放射線遮蔽ベストを着用、「ベルガー」はベストなしだった。宇宙空間は強烈な放射線が飛び交う世界である。宇宙服が女性宇宙飛行士を放射線から守れるかどうか、調べるための実験が行われていた。

「オリオン」は二つのパートから成る。宇宙飛行士が乗る「クルー・モジュール」と電力などを供給する「サービス・モジュール」である。サービス・モジュールは欧州宇宙機関（ESA）が開発した。地球への帰還の最終段階で、「オリオン」はサービス・モジュールを切り離した。身軽になった「オリオン」は時速4万キロ、秒速約11キロという猛スピードで大気圏に突入、空力過熱で船体は約3000度まで熱せられた。12月11日午後0時40分（EST）、メキシコ沖の太平洋に着水した。

「アルテミスⅠ」は230万キロの旅を終え、無事終了した。NASAのビル・ネルソン長官はブログで次のように語った。

「アポロ17号が月に降り立ってからちょうど50年のタイミングで宇宙船「オリオン」が着水し、「アルテミスⅠ」の最後を飾った。世界最強のロケットの打ち上げで始まり、月を周回する飛行の後地球に戻るという今回の試験飛行は、アルテミス世代の月探査における大きな一歩となった」

次の目標は有人月周回飛行の「アルテミスⅡ」である。NASAは2020年12月10日、アルテミス計画に参加する宇宙飛行士18人を選抜した。うち半数の9人が女性である。また月を周回する「アルテミスⅡ」の飛行士には2023年4月3日、4人が選抜された。コマンダーのリード・ワイズマン、ミッションスペシャリストのクリスティーナ・コックとジェレミー・ハンセン、パイロットのビクター・グローバーで、いずれもNASAの宇宙飛行士としてISSでの滞在経験がある。クリスティーナ・コックは女性、ビクター・グローバーは有色人種、ジェレミー・ハンセンはカナダ人と米国政府が多様性を重視していることをうかがわせる。

アルテミスⅡの4人のクルー ©NASA

†アポロ計画の「サターンV型」とアルテミス計画の「SLS」

有人月面探査に欠かせないのが運搬手段であるロケットと宇宙船である。「アポロ計画」で人類初の月面着陸を実現した「サターンV型」ロケットは現在までのところ、実用化されたロケットとしては最大である。13機が製造され、すべて打ち上げに成功した。

「サターンV型」の打ち上げに立ち会った日本人エンジ

ニアの一人は、「自分の足が振動で地面から30センチほど浮いたと感じた」と語った。またアポロ11号の打ち上げを生中継した米国ＣＢＳのアンカーパースンで「米国で最も信頼できる男」と言われたアーサー・クロンカイトは、打ち上げの衝撃の強さで特設スタジオのガラスが壊れるのではないかと、両手でガラス窓を押さえたまま生中継したと伝えられる。

全長１１１メートル、直径10・1メートル、低軌道への打ち上げ能力は公称１１８トン、最大１４０トンの三段式ロケットである。第一段の「Ｓ-ⅠＣ」は5基のＦ-1エンジンで構成され、燃料にケロシン、酸化剤に液体酸素を使っていた。第二段の「Ｓ-Ⅱ」はＪ-2エンジン5基、第三段の「Ｓ-ⅣＢ」はＪ-2エンジン1基を搭載した液酸・液水ロケットである。

打ち上げ能力もさることながら、「アポロ誘導コンピュータ（ＡＧＣ：Apollo Guidance Computer）」と呼ばれる搭載電子機器は精緻を極めた。当時の高速コンピュータは演算処理能力で比べると今日のスマホの10万分の1程度である。「ＦＬＯＰＳ」という単位で測った演算処理能力のゼロ近似では、１９６０年代後半の商用コンピュータ「ＣＤＣ６６００」の約３Ｍ《メガ》ＦＬＯＰＳに対して、現在のスマホは数百Ｇ《ギガ》ＦＬＯＰＳと言われている。アポロ宇宙船を安全に誘導するコンピュータとソフトウェアの開発にはＩＢＭの社員４０００人が総がかりで取り組んだ。

「アポロ11号」の着陸船「イーグル」が司令船「コロンビア」から切り離されて月面に降下するとき、「イーグル」の誘導コンピュータが異常を知らせる警報を発した。地上管制官は「着陸に支障はない」と伝えたが、警報は降下中も鳴り続けた。「イーグル」が高度数百メートルまで降下すると、窓の外には巨大なクレーターが口を開けていた。アームストロング船長はとっさの判断で手動操縦に切り替え、無事平坦な月面に着陸することができたのである。あと1分遅ければ、「イーグル」は帰りの燃料が切れるところだった。

「アルテミス計画」で使われる「スペース・ローンチ・システム（SLS）」の開発は2011年に始まったが、度重なる宇宙政策の変更もあり、遅々として進まなかった。業を煮やしたペンス副大統領は2019年3月の国家宇宙会議でNASAを厳しく批判した。

アポロ計画がわずか8年で達成されたことを引き合いに、ブッシュ大統領が宣言した早ければ2015年、遅くとも2020年という期限が何度も先送りされてきたと指摘、「NASAの戦略は右往左往し、明確な方向性、焦点、ミッションを失った」と怒りをぶつけた。そのうえで「もしNASAが5年以内に有人月面着陸を実現できなければ、変えるべきはミッションではなくNASAそのものだ」と最後通牒を突き付けたのである。

2021年10月には宇宙船「オリオン」の搭載も完了、打ち上げを待つばかりとなったが、エンジンの温度異常や推進剤の漏洩などで遅れに遅れ、２０２２年11月16日、ようやく打ち上げにこぎつけた。「アルテミスⅠ」初号機の打ち上げ成功は、宇宙開発での米国の実力を十分に見せつけてくれた。

「アルテミスⅠ」に使われたＳＬＳはブロックⅠと呼ばれ、全長98・1メートル、コアの直径は8・4メートルである。「サターンⅤ型」よりやや小さいが、後継機のブロックⅠ-Ｂやブロックⅱは１１１メートルと「サターンⅤ型」とほぼ並ぶ。第一段のコアステージにはスペースシャトルのメインエンジンを改良した液酸・液水の「ＲＳ-25」エンジンが4基搭載されている。またコアステージの両脇に取り付けられた固体燃料ブースター（ＳＲＢ）もスペースシャトルで使われたものを改良して使用している。

第一段と最上段の宇宙船「オリオン」の間は暫定極低温推進ステージ「ＩＣＰＳ（Interim Cryogenic Propulsion Stage）」と呼ばれる事実上の第二段ロケットで、「デルタⅣ型」ロケットで使われた「ＲＬ10」エンジン1基が搭載されている。第一段の「ブーストフェーズ」が空気抵抗に逆らって地球の重力圏を脱する力仕事だとすると、「ＩＣＰＳ」は月の軌道へと導く案内役である。ＳＬＳは「アルテミス計画」の進捗にあわせて、ブロックⅠＢ、ブロックⅡと進化する予定で、より強力で安全なエンジンへの改良が続いている。

世界の主要大型ロケット比較

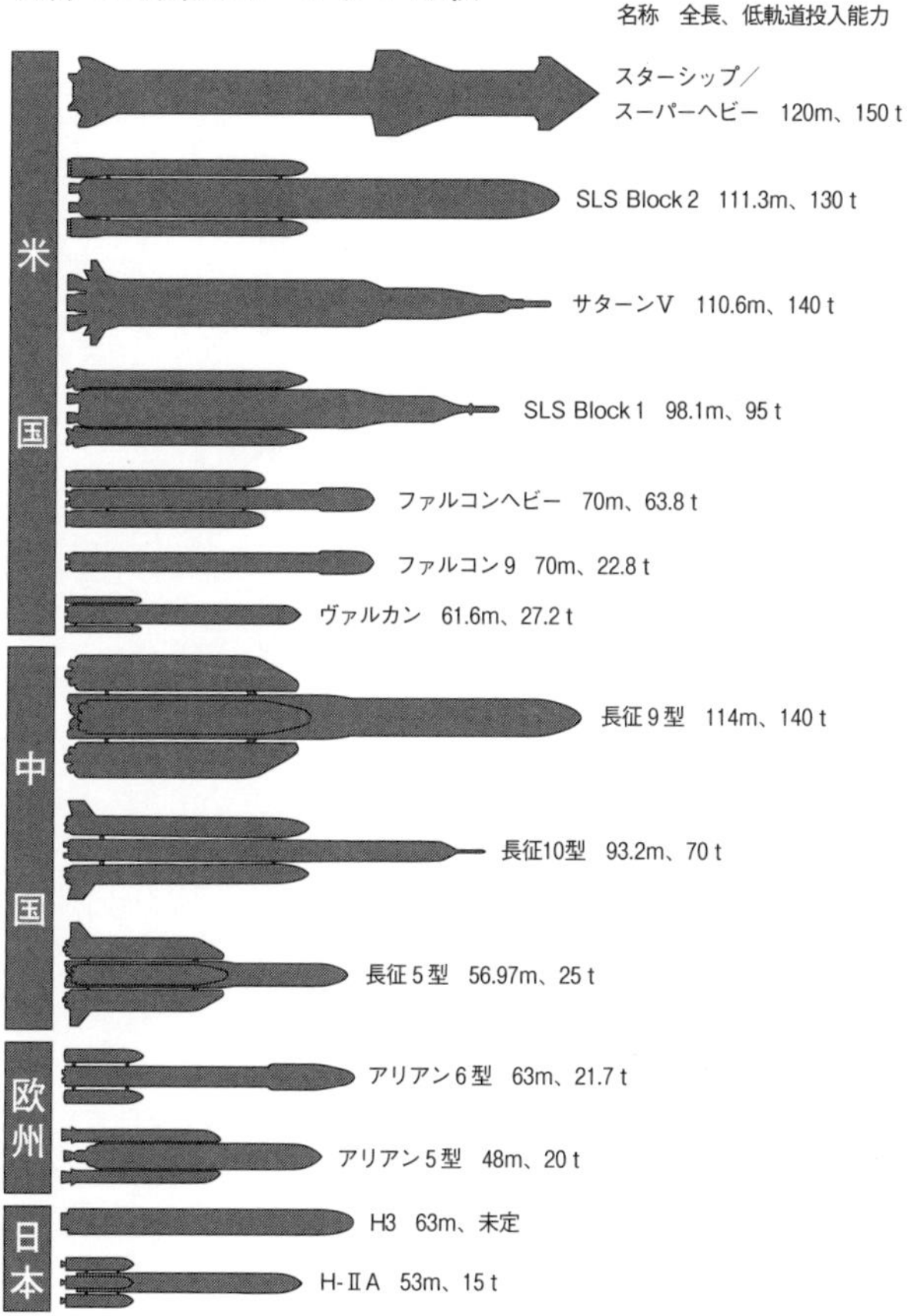
名称　全長、低軌道投入能力
米国
スターシップ／
スーパーヘビー　120m、150 t
SLS Block 2　111.3m、130 t
サターンV　110.6m、140 t
SLS Block 1　98.1m、95 t
ファルコンヘビー　70m、63.8 t
ファルコン9　70m、22.8 t
ヴァルカン　61.6m、27.2 t
中国
長征9型　114m、140 t
長征10型　93.2m、70 t
長征5型　56.97m、25 t
欧州
アリアン6型　63m、21.7 t
アリアン5型　48m、20 t
日本
H3　63m、未定
H-ⅡA　53m、15 t

一方、宇宙船「オリオン」は2010年に「コンステレーション計画」が中止されてからも「MPCV」（Multi-Purpose Crew Vehicle）として生き残り、開発が続けられた。アポロ宇宙船より一回り大きく、定員も3人から4人に増えた。2013年には欧州宇宙機関（ESA）が開発に参加、サービス・モジュールは欧州製となった。サービス・モジュールは「オリオン」の推進力を担うほか、姿勢制御、電力供給、温度管理、水や空気の供給など、重要な機能を持つ。欧州諸国、カナダ、日本など、広範な国際協力を得られることは米国の大きな強みとなっている。

†「嫦娥計画」は最終段階へ

中国有人宇宙プロジェクト弁公室の林西強《りんせいきょう》副主任は2023年5月29日、「中国の有人月探査プロジェクトで月面着陸段階のミッションが始まり、2030年までに中国人が初めて月面着陸を実現する」と明らかにした。中国が公式に有人月面探査の時期を明言したのは初めてのことである。林副主任はまた「有人による月と地球の往復、月面での短期滞在、ロボットと人間による探査技術を確立し、着陸、探査、採取、研究、帰還など複数の任務を行い、中国独自の有人月探査能力を形成する」と語った。

また7月12日には同弁公室の張海聯《ちょうかいれん》副チーフエンジニアが月面着陸は二段階で行われると明らかにした。打ち上げ方式は「アルテミス」とは全く異なり、2機の大型ロケットで有人宇宙船と月着陸機を別々に月周回軌道に送り込む。宇宙船と着陸機は月の軌道上でドッキングして、宇宙飛行士は着陸船に乗り換える。着陸機は単独で月面に降下し、月面での活動を終えると月周回軌道まで上昇し、宇宙船とドッキングする。宇宙飛行士は宇宙船に乗り換え、着陸船を切り離して地球に向かう軌道に乗り、サンプルを携えて地球に帰還するというシナリオである。

こうしたミッションを遂行するため、有人キャリアロケット「長征10型」、次世代有人宇宙船、月面着陸機、有人月面探査車の開発が進められている。

「嫦娥計画」はすでに第Ⅳ期に入った。2024年には「嫦娥6号」が打ち上げられ、月の裏側のサンプルリターンに挑戦する。「嫦娥6号」はすでに完成したと伝えられ、フランス国立宇宙研究センターと共同開発した「月マイナスイオン検出器」が搭載される。水酸化物イオンの検出が目的である。月の裏側のサンプルリターンに備え、第2の中継衛星「鵲橋2号」が2024年3月20日、海南省の文昌衛星発射センターから打ち上げられた。「鵲橋2号」は公共中継プラットフォームとして「嫦娥7号」「嫦娥8号」でも中継サービスを提供する。

2026年打ち上げ予定の「嫦娥7号」では月の南極の探査が予定されている。「嫦娥7

号」の特徴は「跳躍探査」である。月面に到達すると跳躍しながら南極のクレーターにある「永久影」に移動して、直接水の存在を確認する。

また2028年打ち上げ予定の「嫦娥8号」の最大のミッションは「嫦娥7号」と協力して、「国際月科学研究ステーション」の基本形を構築することだ。中国国家航天局は2023年10月2日、「嫦娥8号」のミッションを公表した。それによると科学ミッションは月面の地質調査に加えて、月面からの地球観測、土壌の現地分析と利用可能性探査、それに月面での試験的生態系構築が含まれている。中国は本気で月の利用に向けて動き出した。

月の南極に建設する予定の「国際月科学研究ステーション」には、短期滞在用の居住空間が作られる。南極付近では白夜が半年ほど続くとみられ、気温がマイナス80度から100度にとどまることから、人も機械も長時間耐えることができるという。

建築材料は月の土壌「レゴリス」をロボットで焼結してレンガに加工する。ロボットは「中国スーパーレンガ職人」と名付けられ、「嫦娥8号」で打ち上げられる。エネルギーとしては長時間、大出力が得られる原子力を使う予定で、新しいエネルギーシステムを開発中である。基地には通信設備も備えられ、ネットの利用も可能になるという。

「国際月面科学研究ステーション」は国際協力で建設される予定で、2022年1月28日、中

中国中央テレビ（CCTV）の月面コンセプト動画から

国国家宇宙局の呉艶華《ごえんか》副局長はロシアと共同で2035年までに完成させると語った。月面基地プロジェクトには中ロのほか、パキスタン、アラブ首長国連邦、ベラルーシ、アゼルバイジャン、ベネズエラ、南アフリカ、タイの9か国が参加を表明している。

†「長征9型」と「長征10型」

有人月面探査のカギを握るのは何といっても輸送手段であるロケットの開発である。ロケットの全重量に占める推進薬（燃料と酸化剤）の割合は85％から90％にのぼり、宇宙船などのペイロード（可搬重量）は5％程度に過ぎない。月に有人宇宙船や着陸機を送り込もうとすれば、超大型ロケットの開発は不可欠である。とくにロケットの打ち上げ能力は空気抵抗に逆らって重力圏を脱する「ブーストフェーズ」で決まることから、第一段には強力なエンジンが必要となる。

「長征9型」は「サターンV型」に匹敵する超大型ロケットとして、宇宙航空ショーなどで模型が展示されてきたが、2023年5月、新たに「長征10型」の開発が報じられた。

「長征9型」の設計はたびたび変更されている。初期のバージョンは全長103メートル、直径9・5メートルで、低軌道打ち上げ能力は140トンと発表されていた。第一段にはケロシン燃料・液体酸素のYF-130エンジンが4基搭載され、第二段、第三段には液酸・液水エンジンが搭載されるといわれてきた。ブースター2基の取り付けも可能だ。YF-130は推力500トンと世界最大級のロケットエンジンで、2019年3月24日、中国航天科技総公司はすべての試験が成功したと発表した。

ところが2021年6月21日、「長征」シリーズの総設計師である龍楽豪が香港大学の講演で、「バージョン21」という新しい設計に置き換えられたと明らかにしたのである。龍総設計師によると新しいバージョンは全長108メートル、直径10・6メートルで、第一段ロケットにはYF-135という推力360トンの新しいケロシン・液体酸素エンジン16基を使用するという。

さらに2022年4月23日には一段目に新開発の200トン級液化メタン・液体酸素エンジ

ンを26基搭載すると発表した。いわゆるクラスターロケットで、コアステージはファルコン9のように再使用可能なロケットを目指しているとも伝えられる。

クラスターロケットはすべてのエンジンを同期させて、1基が止まった場合は対角線上のエンジンを止めるなど、制御が難しいとされている。旧ソ連が開発していた巨大ロケット「N1」は第一段を30基のエンジンで構成したが制御に失敗し、開発が中止された。スペースXのファルコンヘビーは第一段に27基のエンジンを束ねている。

「長征9型」のコンセプトがたびたび変更される背景には、第一段YF-130エンジンの開発が思うように進まなかったことをうかがわせる。

また開発中とされる大型メタンエンジンも実用化は現在進行中である。液化メタンエンジンは液体水素に比べて単位密度当たりの推進力が大きく、ケロシンよりも環境負荷が小さく、単位重量当たりのコストも小さい。中国は2023年7月11日、民間企業のランドスペース社が開発した「朱雀2号」が打ち上げに成功したと発表したが、これが世界初の液化メタンエンジンである。

さらに第二段、第三段にも新しいエンジンが開発されているようだが、断片的な情報ばかりで、「長征9型」の全貌は依然明らかではない。また月面着陸機のエンジン開発も進んでいると伝えられるが詳細は不明である。「長征9型」の完成時期は2030年前後とされている。

一方「長征10型」の開発は「921プロジェクト」として2017年ごろから始まり、2023年2月24日に中国国立博物館で開かれた「中国有人宇宙飛行30年展」で正式に「長征10型」と命名された。全長88・5メートル、直径5メートルで、低軌道への投射重量は70トン、月軌道への投射重量は27トン以上とされている。第一段にはYF-100Kエンジン7基を搭載する。

YF-100はケロシン・液体酸素エンジンで、「長征6型」「長征7型」の第一段のほか、主力大型ロケット「長征5型」のブースターにも使われている。YF-100Kは改良型で推力は130トン、2023年7月22日にアジア最大と言われる陝西省《せんせいしょう》銅川《どうせん》のロケット試験場で燃焼試験が成功裡に行われたと中国中央テレビ（CCTV）は伝えた。

打ち上げが「二段階方式」であることを考えると、まず1機目の「長征10型」で月着陸船を打ち上げ、月の周回軌道への投入を確認したうえで宇宙飛行士を載せた宇宙船を2機目で打ち上げ、月の軌道上でドッキングさせるものと見られる。月着陸船や宇宙船はすべて打ち上げ能力27トンの範囲内に収める必要がある。

「神舟」に代わる次世代有人宇宙船の開発も進んでいる。中国有人宇宙プロジェクト主任設計士の周建平は2023年6月9日、次世代有人宇宙船は「3モジュール構造が2モジュール構造になり、安全で経済的な構造に変わる」と語った。2モジュールとは宇宙船が月を周回する軌道モジュールを兼ねることを意味する。また「一部は再利用可能となる」と明らかにしたほか、完成時期については「数年以内に実現できる」と語った。

一方中国初の宇宙飛行士で中国有人宇宙プロジェクト副総設計師の楊李偉は2023年7月17日、「最大7人の宇宙飛行士を輸送できる次世代有人宇宙船を2027年から2028年頃に打ち上げる可能性がある」と語った。また楊副総設計師は「次世代宇宙船は有人月探査、宇宙ステーションの建設、新宇宙探査に使われるだろう」と語った。

2024年2月24日、中国国家航天局は有人月面探査に使う着陸機と新型宇宙船の名前を公表した。着陸機は「攬月《らんげつ》」、宇宙船は「夢舟《むしゅう》」である。「攬月」は毛沢東の詩「可上九天攬月(天に上り月をつかむ)」から取られた。また「夢舟」は習近平主席が唱える「中国の夢」を乗せる舟の意であろう。

「長征9型」「長征10型」などの超大型ロケットや次世代有人宇宙船の全貌はまだ明らかになっていない。しかし中国は国家の威信をかけて完成させるだろう。意思決定のスピードは速く、「やると言ったらやる」のが中国式である。「長征10型」の試験飛行は2027年に予定されており、米中の有人月面探査レースは予断を許さない状況となっている。

†月の水争奪戦にインドも参戦

月の南極を目指すのは米国と中国だけではない。インドは2023年7月14日、南部のサティシュダワン宇宙センターから無人月探査機「チャンドラヤーン3号」を「LMV-3型」ロケットで打ち上げた。「LMV-3」はインド宇宙研究機関（ISRO：Indian Space Research Organization）が開発した全長43・5メートル、直径4・0メートルの三段式中型ロケットである。地球低軌道へのペイロードは8トンと小さいが、「遠地点上昇」という特殊な軌道で月への軌道の投入に成功した。

「遠地点上昇」は地球を周回する軌道の遠地点を徐々に上げていき、最後は地球の重力を利用したフライバイで月に向かう軌道（月遷移軌道）に投入する。ちょうどブランコを漕いで、最後に飛び出すようなイメージである。月の周回軌道に到達すると、今度は逆に「近月点降下」で徐々に高度を下げて、月面から100キロの月周回円軌道に投入する。比較的小さなエンジンで燃料消費を最小限に抑えることができるが、月面への到達には時間がかかる。

2023年8月23日、「チャンドラヤーン3号」は南極付近への軟着陸に成功した。インドは米国、ソ連、中国に次いで月面着陸に成功した4番目の国となった。しかも月の南極に着陸したのは初めてである。「チャンドラヤーン3号」は推進モジュール、着陸機（ランダー）、探査車（ローバー）で構成され、探査車にはX線分光器などの分析機器が搭載されている。翌24日には月面ローバーの展開にも成功した。

インドのナレンドラ・モディ首相は8月26日、探査機が着陸した地点を「Shiv Shakti Point」と命名した。「Shiv」はシヴァ神、「Shakti」は精神的エネルギーを表す女性神で、モディ首相によると女性科学者のパワーを表すという。

「チャンドラヤーン3号」は2週間活動した後、夜を迎えるために休眠状態に入ったが、夜が明けた9月26日になっても目覚めていないことが明らかになった。マイナス170度という極低温に耐えられなかった可能性がある。

インドは2019年7月にも「チャンドラヤーン2号」で月面着陸を目指したが、上空2・1キロまで降下したところで通信が途絶えた。今回は失敗した「チャンドラヤーン2号」が残した月

チャンドラヤーン3号の軌道

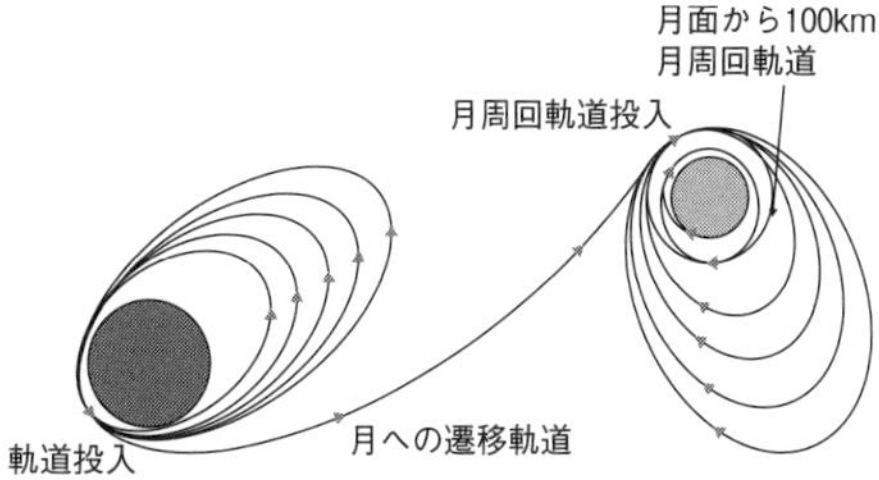

周回機の中継器を使うなど、徹底したコスト低減化が図られた。ＩＳＲＯの発表によるとプロジェクトの総額は７４００万ドル（約１０７億円）で、宇宙を舞台にしたＳＦ映画『ゼロ・グラビティ』の製作費を下回るという。

モディ首相は10月17日、２０３５年までに独自の宇宙ステーションを建設し、２０４０年までにインド人による有人月面着陸を実現すると明らかにした。「チャンドラヤーン」はサンスクリット語で「月の乗り物」の意である。

ロシアも黙ってはいない。ロシア宇宙開発公社「ロスコスモス」は２０２３年8月11日、極東アムール州のボストーチヌイ宇宙基地から無人月面探査機「ルナ25号」を打ち上げた。ロシアが月面探査機を打ち上げるのは１９７6年の「ルナ24号」以来である。「ルナ25号」には放射線測定機器、複数の分光器、質量分析器など多数の観測機器が搭載されており、南極の「ボグスワフスキー・クレーター」に着陸して、水素含有量の高いクレーター底部のレゴリスを調査する予定だった。

しかし8月19日、ロスコスモスは「予定された飛行が不可能になる事態が起きた」と発表、翌20日には「月面に衝突したものと見られる」と失敗したことを明らかにした。ユーリ・ボリソフ社長は21日インタビューに答え、「着陸に向けた軌道修正の際にエンジンが予定より43秒長く作動したことが主な原因だ」と語るとともに、「ソ連時代の1976年以来、半世紀にわたって実施されてこなかったことが一因だ」と語った。宇宙開発では「継続は力なり」である。ボリソフ社長はまた9月3日、「ルナ26号と27号の計画を前倒しする可能性について検討している」と語った。

欧州は米国、日本、ロシアとの国際協力で月面探査を行う方針だ。22か国で構成する欧州宇宙機関（ESA）は月面に大量の物資を運ぶ大型の月面着陸機「EL3：European Large Logistics Lander」を開発中のほか、2021年には月の周回軌道に多数の衛星を配置して、月での衛星通信や測位システムを構築する「ムーンライト計画」を発表した。また埃っぽい月面の土壌を固定させるため、太陽光でレゴリスを溶かして舗装する研究や月面基地での廃棄物を再利用するための研究などを行っている。

民間による月面探査も加速する。2024年2月23日、米インテュイティブ・マシーンズの月着陸船「オデュッセウス（Nova-C）」が民間企業の宇宙船として初めて月面着陸に成功した。「オデュッセウス」にはNASAが開発した6種類の観測機器が搭載されていた。日本の宇宙スタートアップ「ispace」は2023年4月26日、民間初の月面着陸を目指したが、残念ながら失敗に終わった。2024年、「ispace」は2号機の打ち上げにチャレンジする。また2024年1月8日には米国の民間企業「アストロボティク・テクノロジー」の月探査機「ペレグリン」が打ち上げられたが、推進剤の漏洩により、失敗に終わった。「ペレグリン」の名称は最速の鳥「ハヤブサ」の英名「ペレグリン・ファルコン」に由来する。いよいよ民間宇宙ベンチャーが月面探査に参入する時代となったのである。

†日本「SLIM」の高度なミッション

日本も負けられない。JAXA（国立研究開発法人宇宙航空研究開発機構）は2023年9月7日、HⅡAロケット47号機で小型月着陸実証機「SLIM」を打ち上げた。JAXAは小型ロケット「イプシロン」6号機と次期主力ロケット「H3」の打ち上げに連続して失敗したことから関係者は気をもんだが、X線分光撮像衛星「XRISM（クリズム）」との相乗りでの打ち上げに成功した。「SLIM」の得意技はピンポイント着陸である。これまで世界で達成された着陸精度は数キロメートルと言われるが、「SLIM」の精度は約100メートルで、「降りられるところに降りる」から「降りたいところに降りる」への転換を目指す。

2024年1月20日、「SLIM」は月面への軟着陸に成功、日本は旧ソ連、米国、中国、インドに次いで5か国目となる快挙を果たした。「SLIM」から月面に放出された超小型変

月面に到達した小型月探査機「SLIM」©JAXA／タカラトミー／ソニーグループ（株）／同志社大学

形ロボット「SORA-Q（ソラキュー）」が撮影した画像によると、機体は逆立ちする形となっており、太陽電池パネルが発電できない状態に陥った。しかし月の西から日が差し込むと機能を回復、氷点下170度で2週間続く過酷な「月の夜」にも耐えて、見事に復活したのである。

月探査で日本はこれまでにも重要な成果をあげてきた。1990年に打ち上げられた「ひてん」に続いて、2007年9月14日には「かぐや（SELENE）」が打ち上げられた。「かぐや」には月面で元素分析を行う分光計、鉱物の分布や組成を調べるためのマルチバンドイメージャー、地形の立体構造を精密に調べるための高性能地形カメラとレーザー高度計、それに月の磁場や放射線などを調べる粒子線計測器や磁場観測器など14のミッション機器とともにＮＨＫが開発したハイビジョンカメラが搭載されていた。「かぐや」が撮影した月の映像は現在もＹｏｕＴｕｂｅで見ることができる。

「かぐや」には「おきな」と「おうな」の二つの子衛星が付き添っていた。「おきな」には月の裏側からの電波を中継する通信機器と月の磁場を観測する装置、「おうな」には超長基線電波干渉法（ＶＬＢＩ）という位置測定のための電波送信源が搭載されていた。

月面全体の網羅的な観測データをそろえるうえで、「かぐや」が果たした役割ははかり知れない。まず月の全球６７７万地点を観測し、世界初となる月全体の地形図の作成に貢献した。最も高い「月の山」の標高は1万７５０メートル、最も低いクレーターの底は、「エイトケン盆地」の中にある深さ９０６０メートルの地点であることがわかった。また南と北の極域に氷が存在する可能性のある「永久影」があることを確認する一方、月面での日照率を解析した結果、一年中太陽光があたる「永久日照」が存在しないことを裏付けた。さらに月の表と裏で重力が異なることを測定データで示し、月の成り立ちの解明に大きく貢献したのである。

月に到達した「ＳＬＩＭ」には二つのミッションがある。一つは月面への高精度着陸技術の確立である。ピンポイントでの着陸が可能となれば、水資源の探査などを有利に行うことがで

LROがとらえた「ティコ・クレーター」©NASA

きる。月探査機の着陸精度はインドの「チャンドラヤーン3号」が4×2・4キロ、ロシアの「ルナ25号」が30×15キロだが、「SLIM」は誤差55メートルという驚異的な精度でのピンポイント着陸を実現した。

二つ目のミッションは小型軽量な月探査システムの確立である。これにより月探査の頻度を上げることができるだけでなく、将来の太陽系探査に必要な観測機器の高度化にも貢献することとなる。「SLIM」にはマルチバンド分光カメラが搭載されており、小天体が月に衝突したときに飛び出してきたマントル由来の岩石の組成分析に期待がかかる。

月面探査で忘れてならないのが、米国の無人月周回衛星「ルナー・リコネサンス・オービター（LRO）」である。2009年6月18日に打ち上げられ、現在も月の高度50キロを周回して月面観測を続けている。LROの最大の特徴は50センチという解像度の高さで、月面の98・2％をカバーして、3Dマップの作成を可能にした。それだけではない。アポロ計画で月に到達した11号、14号、15号、16号、17号が残した着陸船やムーンバギー、それに月に到達したチャンドラヤーン3号、月面に激突したルナ25号、ｉｓｐａｃｅの「ＨＡＫＵＴＯ-Ｒ」の姿を捉えたのである。まさに月面の「おまわりさん」である。

ＮＡＳＡのウェブサイトではＬＲＯが撮影した大量の画像データが公開されており、月の裏側や南極、北極など、地球からは観測できない月の姿を見ることができる。

†21世紀最初のムーンウォーカーは誰か？

米国「アルテミス計画」の白眉は何といっても「月ゲートウェイ」(Lunar Gateway) と月面前線基地「アルテミス・ベースキャンプ」(Artemis Base Camp) である。「月ゲートウェイ」と「ベースキャンプ」の構築で、人間が常に月の近傍で活動することができるようになる。

「月ゲートウェイ」の中核は居住・物流前線基地「ＨＡＬＯ (Habitaticn and Logistics Outpost)」である。国際居住空間 (Ｉ-ＨＡＢ) やカナダが開発するロボットアーム、それに動力源となる「ＰＰＥ (Power and Propulsion Element)」が接続されるだけでなく、着陸機「ＨＬＳ (Human Landing System)」や宇宙船「オリオン」、それにスペースＸが開発中の宇宙船

月着陸船想像図 ©NASA

「ドラゴンXL」のドッキングポートが用意されている。「HALO」では4人の乗組員が30日間滞在することができる。また「I-HAB」は各国の研究者などが居住する空間である。

エネルギーを供給する「PPE」は巨大な太陽電池から成り、通信基地としての機能も担う。「月ゲートウェイ」の推進力には電気推進エンジンが使われる予定で、2023年7月12日、NASAは史上最も強力な太陽電池推進スラスターのテストを開始したと発表した。

物資の輸送には日本の補給機「HTV-X」も使われる予定だ。「HTV-X」は国際宇宙ステーション（ISS）の補給機として活躍した「こうのとり」の発展形で、約1・5倍の質量の物資を輸送することができる。

JAPAN MOBILITY SHOW 2023で発表された有人与圧ローバー
©TOYOTA／JAXA

建設にはスペースXの「ファルコンヘビー」など、民間の打ち上げロケットが使われることになっている。「月ゲートウェイ」では月だけでなく地球、太陽、さらには深宇宙や天体物理学の研究などが行われる。最初のモジュールは「アルテミスⅣ」から利用が始まる。

一方「ベースキャンプ」は月の南極近くの「シャックルトン・クレーター」、あるいは「デガラーシュ・クレーター」付近に建設が予定されている。月面居住モジュール（SH：Surface Habitat Module）、月面車両（LTV：Lunar Terrain Vehicle）、与圧ローバー（PR：Pressurized Rover）などから成る。

月面車両は充電なしで20キロの移動が可能で、月の夜に耐えるシステムである。また与圧ローバーは長距離を移動するための月面のバスである。開発には日本のJAXAとトヨタ自動車がチャレンジしている。ト

次世代宇宙服 ©Axiom Space

ヨタ自動車は2023年7月21日、月面探査車「ルナクルーザー」に小型軽量な再生型燃料電池「RFC」を搭載すると発表した。

月面での活動には大量のエネルギーが必要となる。NASAは2023年7月25日、レゴリスから太陽光パネルを作る技術や3Dプリンティング技術、月でのデジタル通信ソリューションを開発する11企業に1億5000万ドルを提供することを決めた。

宇宙服の開発も終盤を迎えている。2023年3月16日、米国の宇宙企業「アクシオム・スペース」(Axiom Space)は同社が開発中の次世代宇宙服「AxEMU」のプロトタイプを公開した。月面では放射線と温度変化から身を守ることが第一である。また重力が地球の6分の1程度であることから、月の土壌であるレゴリスが舞い上がると、宇宙服の細部に侵入したり、視界が遮られることがある。次世代宇宙服は90%の米国人に適合するように設計され、8時間の月面活動が可能だという。次世代宇宙服のデザインには有名ブランド「プラダ」が参画している。

地球と月の間の空間は「シスルナ（Cislunar）」と呼ばれる。米国は2022年11月17日、シスルナ空間に科学的発見だけでなく、経済圏を構築する構想「国家シスルナ科学技術戦略」を発表した。

また米国防高等研究計画局（DARPA）は2023年8月15日、月面に経済インフラを構築するプロジェクト「LunA-10：10-year Lunar Architecture」を立ち上げた。今後10年間の科学研究とビジネス開発を支える月のインフラ構築計画で、すでに月での発送電、通信、エネルギーなどに関する検討が始まっている。DARPAプログラム・マネージャーのマイケル・ナヤック博士は「今後10年間で月の経済には大きなパラダイムシフトが訪れるだろう」と語った。

総力を挙げた米国の「アルテミス計画」だが、中国がスケジュールを前倒しする一方、米国の計画は遅れ気味だ。NASAのビル・ネルソン長官は2023年8月8日の記者会見で、「中国が最初に月の南極に到達して、「我々のものだ、出ていけ」というような状況を望まない」と語った。また「地球上での中国の行動を見れば、南シナ海のスプラトリー諸島で領有権を主張している」と警戒感をあらわにした。

最大の難関は着陸機として使われるスペースXの宇宙船「スターシップ」と打ち上げロケット「スーパーヘビー」の開発である。スペースXは2023年4月20日、「スターシップ」と「スーパーヘビー」を組み合わせた初の無人飛行試験を行ったが、高度39キロ地点でコントロールを失ったことから4分後に飛行は中断、機体は自動飛行停止システムが働いて空中で破壊された。また11月18日の2回目のテスト飛行では、「スーパーヘビー」と「スターシップ」の分離には成功したが、高度148キロで通信が途絶え、自動飛行停止システムが作動して機体は破壊された。2024年3月14日に行われた3回目の打ち上げでは、スターシップが宇宙空間に到達したものの大気圏に再突入した後、通信が途絶えた。「スターシップ」の安全かつ確実な打ち上げには20回程度のテスト飛行が必要とされている。

それだけではない。NASAは2023年10月、SLSの製造工程で溶接に問題が発生したと発表した。また宇宙船「オリオン」にも機体を保護する耐熱シールドに問題が発生しており、いずれも宇宙飛行士の安全に直接かかわる課題である。こうしたことから米国会計検査院（GAO）は2023年11月30日、「アルテミスⅢ」の実施は2027年まで延びる可能性が高いとの報告書を発表した。

2024年1月9日、NASAは有人月面探査「アルテミスⅢ」計画を2025年から2026年9月以降に延期すると発表した。また月を周回する「アルテミスⅡ」についても、当初予定の2024年11月から2025年以降に延期された。記者会見したNASAのネルソン長官は「中国がスケジュールを早めているのは事実だ」としながらも、「中国が我々より先に月面に到達する懸念はない」と語った。「月ゲートウェイ」へのミッションである「アルテミスⅣ」は2028年のスケジュールが維持されている。

一方中国はまだ輸送手段である超大型ロケットの開発を終えていない。「長征9型」「長征10型」ともに、テスト飛行にこぎつけるまでには数年が必要とみられる。

中国の強みは中国共産党による迅速な意思決定である。とくに習近平《しゅうきんぺい》政権は国威発揚の効果が大きい宇宙開発に極めて熱心である。また豊富な資金と人材、強力な軍民融合と産学連携に加えて、欧米の先端技術を素早く導入し、徹底的に研究し、改善し、自分のものとする真摯な姿勢は中国の強みと言える。時として欧米からは「技術の窃取」と非難される。

逆に弱みはロシアを除いて有力なパートナーを見出すことが困難な点だ。ロシアによるウクライナ侵攻以降、中国とロシアは連携を深めつつあるが、逆に欧米、とりわけ欧州諸国との宇宙協力を遠ざけることになるだろう。

米国の強みは何といっても圧倒的な民間のパワーとベンチャー精神、それに幅広い国際協力の力である。また自由な発想を許容する知的土壌は優秀な人材を世界から集める最大の魅力となっている。気がかりなのは政策の一貫性のなさである。政権が変われば政策が変わるのは当然であるが、宇宙開発のような長期の計画遂行にはリスクの一つとなる。

21世紀最初のムーンウォーカーは早ければ2026―2028年、遅くとも2030―2031年には誕生するだろう。米中どちらが先陣を切るか、極めて微妙な情勢となっている。

第二章

米中が火花を散らす宇宙の激戦区

†火星探査へのいばらの道

米中が火花を散らすのは月だけではない。火星探査でも激しいバトルが続いている。中国は2020年7月23日、火星探査機「天問1号」を海南省文昌衛星発射センターから「長征5型」ロケットで打ち上げた。2021年2月10日、火星周回軌道への投入に成功、5月14日には着陸機が火星ユートピア平原への軟着陸に成功した。火星ローバー「祝融」の放出にも成功し、中国は米国に次いで火星表面での探査に成功した国となった。2021年は中国共産党創立100周年にあたり、7月1日には北京の天安門広場で祝賀大会が開かれた。

米国は2020年7月30日、フロリダ州ケープ・カナベラルから火星探査車「パーシビアランス」を「アトラスV型」ロケットで打ち上げた。2021年2月18日（EST）には火星表面のジェゼロ・クレーターに軟着陸させることに成功した。「パーシビアランス」には小型ヘリコプター「インジェニュイティ」が搭載されていた。米中が同時に火星探査を続ける状況は今も続いている。

火星探査の難易度は極めて高い。1960年から火星探査を開始したソ連は「ゾンド計画」「マルス計画」「フォボス計画」などで20機近い火星探査機を打ち上げたが、軟着陸に成功したのは1973年8月に打ち上げられた「マルス3号」が初めてで、それも着陸20秒後に通信が途絶えた。

米国も「マリナー計画」「バイキング計画」で火星探査プロジェクトを進めたが、1964年の「マリナー3号」から1976年の「バイキング1号」で軟着陸を実現するまでに12年を要した。

2019年までに世界各国で打ち上げられた火星探査機は46機にのぼるが、ミッションを達成したのはわずか20回、成功率は40％強で、地球と火星の間には「探査機の墓場がある」とさえ言われた。1998年7月に打ち上げられた日本の火星探査機「のぞみ」も通信が途絶し、火星周回軌道への投入を断念、火星から1000キロ付近を通過して宇宙の闇に消えた。

難易度が高い理由はいくつかある。まず地球と火星の位置関係である。地球が太陽の周りを回る公転周期が365日であるのに対して、火星の公転周期は687日である。地球と火星が近づくのはほぼ2年に1回に限られており、火星探査機打ち上げのウインドウ（窓）は約2年に一度しか開かない。

また最接近した時で約5700万キロ、最も遠い時は3億7000万キロ以上離れており、火星周回軌道に探査機を投入するにはきわめて正確な軌道制御技術を必要とする。ゴルフに喩えるとパリのティーグラウンドから東京のグリーン上のホールに沈めるようなものと評される所以である。

距離があることから通信にも時間がかかる。コマンドを打っても通信時間が片道3分半以上、往復で最短7分以上かかるため、自動制御ができなければ軟着陸は不可能である。

1997年に軟着陸した「マーズ・パスファインダー」は火星ローバー「ソジャーナ(Sojourner: 滞在者)」を放出、1万6000枚を超える写真や大気と土壌に関する大量のデータを採取することに成功した。

2000年に入ると2001年打ち上げの「マーズ・オデッセイ」、2003年の「スピリット」「オポチュニティ」、2005年の「マーズ・リコネッサンス・オービター」、2011年の「キュリオシティ」などが火星周回軌道への投入や探査機の着陸に成功している。「パーシビアランス」はNASAの火星探査プロジェクト「マーズ2020(Mars 2020)」の一環として打ち上げられた。

中国は2011年11月、ロシアの「フォボス・グルント」に相乗りする形で「蛍火1号」を打ち上げたが、火星に向かう軌道への投入に失敗した。「天問1号」の打ち上げは事実上、初めてのチャレンジである。初の探査で火星への到達、周回軌道への投入、着陸機の軟着陸、ロ

スペースＸ「ロードスター」©spacex

ーバーによる探査を実現したことになり、中国の技術力の高さを示している。

火星に注目が集まる理由の一つに大気の存在がある。大気は宇宙空間からの放射線を防ぎ、気候を穏やかにすることから、人類が移住できる可能性のある惑星として再認識されているのである。

２０１６年９月、スペースＸを率いるイーロン・マスクは「火星移住計画」を発表した。２０３０年頃までに、地球と火星の間で数千人を輸送するシステムを作り、１００年後には火星で１００万人が暮らせる居住地を作るという壮大な「テラフォーミング」構想である。

実現可能性をめぐっては様々な議論が展開されているが、「火星移住計画」の発表により、米国でPhDを取得した工学系の研究者は、こぞってスペースＸを目指すようになったという。

2018年2月6日、スペースXはテスラの初代電気自動車（EV）「ロードスター」を搭載した「ファルコンヘビー」の打ち上げに成功した。真っ赤な「ロードスター」には真っ白な宇宙服を着たマネキンの「スターマン」が座り、打ち上げの模様はネットで中継された。火星は一気に身近な存在となったのである。

†一発勝負に賭けた中国の火星探査機「天問」

火星探査機「天問」の名は中国戦国時代（紀元前5―前3世紀）の詩人屈原《くつげん》の詩「天問」に由来する。天地創造や大地、神などについて、天に問う形式で書かれている。「天問1号」は火星の軌道を回る周回機「オービター」、着陸機「ランダー」、火星ローバー「祝融」から成る。「祝融」は火をつかさどる神である。

総重量は約5トン、「祝融」は240キロで、「オービター」には各種カメラ、磁力計、分光計、線量計など7つの観測機器、「祝融」にはマルチスペクトルカメラ、分光計、磁力計などのほか、地中探査レーダーなど6種の観測機器が搭載された。

「天問1号」は5つのミッションを担う。火星表面の地形探査、水の分布調査、火星表面の土壌組成分析、気温・気圧・風力・磁場など火星表面の環境調査、それに火星の内部構造の解析

中国の火星探査機「天問」©CNSA

などである。
　中国国家航天局は2021年6月11日、探査機着陸後初めてとなる火星表面の画像を公開した。ハルビン工業大学のチームが設計した自動国旗掲揚装置によって、中国国旗が掲揚される姿が映し出されていた。国旗の材料は中国が独自に開発した形状記憶ポリマーで、過酷な環境での使用に堪えるように作られていた。
　2022年9月26日、国家航天局は火星探査の成果を公表、一部は科学雑誌『ネイチャー』にも掲載された。「祝融」の累計走行距離は1921メートルに達したが、最も重要な水と氷の探査では、少なくとも地下80メートルより浅い層では豊富な水を含む層が存在しないと発表した。「祝融」が着陸したユートピア平原は火星最大の衝突盆地で、かつては海だった可能性があるとされていたが、液体の水だけでなく、硫酸塩や炭酸塩の形でも存在しないと中国の研究グループは結論付けた。

火星には35億年ほど前までは豊富な水が存在していたと考えられている。失われた水は地下深くの湖に残っているという説、鉱物などに取り込まれているという説、宇宙空間に消えてしまったとする説などが現在も交錯している。

2023年5月には砂丘の表面に水を含んだ鉱物が豊富に存在するとの論文が科学雑誌『サイエンス・アドバンス』に掲載された。分光分析の結果、砂丘表面には硫酸塩、水分を含む酸化鉄などが含まれていることが分かった。また2023年5月19日、中国地質大学のグループは火星表面で海洋堆積岩の証拠を見つけたと発表した。中国中央テレビ（CCTV）は火星北部にかつて海があったことが証明されたと伝えた。

火星での水の存在については欧州宇宙機関（ESA）が2024年1月、火星を周回する「マーズ・エクスプレス」のデータを分析したところ、赤道直下の地下にある厚さ3・7キロの堆積物は氷である可能性が高いことが明らかとなったと発表した。水の量としては紅海に匹敵するという。

2023年4月24日には中国国家航天局と中国科学院が火星の全体画像を公開した。「オービター」が撮影した1万4757枚の画像データを処理して、火星全体のカラー画像として公開した。解像度は76メートルである。月と同様、中国は火星表面のクレーターなど22地点に、中国の地名に由来する名前を付与した。

米中ともに次の目標は火星からのサンプルリターンである。「天問2号」は2025年の打ち上げが予定されているが、向かう先は地球近傍の小惑星「2016HO3」である。火星からのサンプルリターンを担うのは「天問3号」で、早ければ2028年、遅くとも2030年には打ち上げられる見通しだ。「天問3号」には小型ヘリコプターやロボットアームを備えた6本足ロボットが搭載される予定で、500グラムほどの試料採取を目標としている。

一方のNASAの火星サンプルリターン計画「MSR」は予算獲得が難航し、計画の縮小が伝えられる。

†火星でヘリコプターを飛ばした米国「パーシビアランス」

火星の大きさは直径が地球の約半分、質量は10分の1程度で、希薄ながら大気が存在する。大気の濃度は地球表面の100分の1以下で、二酸化炭素95%、窒素3%、アルゴン1・6%のほか、微量の酸素、一酸化炭素、水、メタンなどから成る。表面の岩石や砂に酸化鉄が多く含まれることから、火星全体は赤く見える。

過去に豊富な水に覆われていたことから、生命が誕生する環境が整っていた可能性があるとされる。アミノ酸などを含んだ小惑星が次々と衝突したことも分かっており、生命の痕跡が見つかるのではないかと期待が寄せられているのである。

「マーズ2020」の最大のミッションは岩石のサンプルを採取することである。着陸した「ジェゼロ・クレーター」には周囲から水が流れ込んでできたとみられる三角州があり、クレーターの底には堆積物が溜まっている。堆積物は岩石となり、生命の痕跡を封じ込めている可能性がある。

2021年9月6日、「パーシビアランス」は火星表面の岩石をくり抜いてコアサンプルを採取、容器に保存することに初めて成功した。「パーシビアランス」はチューブ状の容器43本を携帯しており、うち30本程度に岩石や大気などのサンプルを封じ込める予定だ。

火星からのサンプル回収を担うのはNASAとESAが共同で進める「マーズ・サンプル・リターン・ミッション」(MSR)である。

回収方法は複雑だ。NASAが公開したビデオによると、まずサンプルを回収するための探査機を打ち上げ、着陸機が「パーシビアランス」の待つポイントに着陸する。「パーシビアランス」は回収したサンプルの容器を着陸機のコンテナに1本ずつ挿入する。着陸機には「マー

米国の火星探査機「パーシビアランス」©NASA

ズ・アセント・ビークル」（MAV）というロケットが仕込まれており、エンジンに点火してコンテナを火星周回軌道に乗せる。火星周回軌道ではESAが開発した探査機「ERO」（Earth Return Orbiter）が待ち受けており、カプセルを受け取って地球に持ち帰る。これがサンプル回収のシナリオだ。

肝となるのが火星から打ち上げるロケットの「MAV」で、NASAは2023年8月、すでに3月と4月にエンジンの燃焼試験を行ったと発表した。探査機の打ち上げは2028年と見られている。

「マーズ2020」のもう一つの目玉が小型ヘリコプター「インジェニュイティ」の飛行である。火星の大気密度は地球の約100分の1、重力は地球の約3分の1である。ローターの回転で発生する揚力は大気密度に比例するので、重力が3分の1に減っても、ヘリコプターを飛ばすには約33倍の性能を持つローターを作らなければならない。

「インジェニュイティ」は質量1・8キロ、高さ49センチ、ローターブレード1・2メートルで、本体部分は縦13・6センチ、横19・5センチ、高さ16・3センチの小さな箱のような構造である。本体下部にはカメラやライダー（Lidar）などのセンサーが搭載されている。

2021年4月19日に行われた初飛行では高度3メートルまで上昇した。総飛行時間は39・1秒で、地球以外の惑星で動力による飛行が実現したのは初めてである。「インジェニュイティ」が初飛行を行った場所は、地球で初めて飛行機を飛ばしたライト兄弟にちなんで、「ライト兄弟フィールド」と名付けられた。

その後も飛行実験は続けられ、2023年10月には最高速度秒速10メートルを達成した。2024年1月25日、NASAはローターが破損するなど機体の損傷で飛行が不可能となり、運用を停止したと発表した。飛行した回数は約3年間で72回に上り、飛行時間は計2時間を超えた。NASAのネルソン長官は「インジェニュイティの歴史的な旅は終わった。我々の想像を超えてより高く、より遠くまで飛んだ」と業績を讃えた。

希薄とはいえ、大気の存在は重要である。NASAは2023年4月22日、火星の大気の大半を占める二酸化炭素から酸素を作り出すことに成功したと発表した。「パーシビアランス」

火星ヘリコプター「インジェニュイティ」©NASA

には「ＭＯＸＩＥ」という装置が積まれており、二酸化炭素を約８００度に加熱して、一酸化炭素と酸素に分解することで、1時間当たり約6グラムの酸素生成ができるという。6グラムの酸素は人間の呼吸に換算すると約10分間の必要量であるが、水素やメタンと組み合わせてエネルギー源として使えることから、火星で自給できれば大きな希望となる。

また大気が存在することから音声も伝搬する。ＮＡＳＡは２０２２年12月、前年に録音された塵旋風の音声を公開した。塵旋風は上昇気流などで地表の砂や塵が舞い上がる現象で、辻風やつむじ風とも呼ばれる。

火星からのサンプルリターンの次は火星周回軌道への人類の到達である。火星との往復には最低1年半は必要である。果たして人間は狭い宇宙船の中で1年半を過ごすことに耐えられるだろうか。まさに「パーシビアランス」(忍耐)である。

†中国の宇宙ステーション「天宮」

宇宙ステーションの先鞭をつけたのは旧ソ連である。1971年4月19日に打ち上げられた「サリュート1号」を皮切りに、1982年打ち上げの「サリュート7号」まで、主に軍事目的で使用された。

後継の「ミール」はロシア語で「平和」を意味する。1986年2月19日にコアモジュールが打ち上げられ、「クヴァント」「クリスタル」など複数の実験モジュールが接続された。5個のドッキングポートを備え、宇宙飛行士の輸送には宇宙船「ソユーズ」、物資の輸送には補給船「プログレス」が使われた。1990年代に米国主導のISSにロシアが参加することになったことから廃棄が決まり、2001年3月23日に大気圏に突入して燃え尽きた。

中国は2011年9月29日に「天宮1号」、2016年に「天宮2号」を打ち上げ、軌道上で宇宙船「神舟」とのドッキングにも成功した。「天宮1号」は2018年4月2日に大気圏に再突入したが、制御不能となったことから、「機体が燃え尽きずに落下するのではないか」と世界を不安に陥れた。

結局、南太平洋の「ポイント・ネモ」に一部が落下しただけで、人的被害はなかった。「ポイント・ネモ」は「宇宙船の墓場」と呼ばれ、「ミール」など多数の宇宙船や衛星の廃棄場所となっている。「天宮2号」も2019年7月19日に「ポイント・ネモ」に落下して燃え尽きた。

本格的な宇宙ステーション「天宮」のコアモジュール「天和」は2021年4月29日に打ち上げられた。実験モジュールの「問天」は2022年7月24日、「夢天」は2022年10月31日に打ち上げられ、2022年12月に建設が完了した。「天宮」は地上約390キロの低軌道を周回する。

質量は約80トンで、ミールの約120トン、ISSの約420トンに比べて小ぶりである。しかし生命維持システム、電気系統、コンピュータ、通信システムなどは最新鋭を誇り、エアロック、ロボットアームを備え、小型衛星放出機能を持つ。居住性も高いといわれる。2024年には宇宙望遠鏡の「巡天」が打ち上げられる予定である。

モジュールの打ち上げロケットには中国が誇る大型ロケット「長征5型B」が使われた。初号機の「長征5型」は2016年11月3日の打ち上げに成功したが、2017年7月2日の2号機打ち上げには失敗した。大方の見方では比較的短期間に次号機が打ち上げられるとみられていたが、3号機の打ち上げまでには実に2年5か月を要した。「長征5型」は重要なミッションを担うことから、中国は徹底した原因究明と設計変更を行ったとみられている。「長征5型」は全長57メートル、直径5メートルの二段式で、第一段は「YF-77」エンジン2基のコアステージと「YF-100」エンジン4基のブースターで構成される。一方「長征5型B」は一段式で、直径は5メートルと変わらないが全長は約54メートルである。低軌道（LEO）打ち上げ能力は25トンで、これに合わせて「天宮」のモジュールはすべて22トンから23トンで作られている。

宇宙飛行士の輸送には宇宙船「神舟」、物資の輸送には補給船「天舟」が使われる。2022年11月30日、「神舟15号」が「天宮」にドッキング、「天和」「問天」「夢天」の3つのモジュール、「神舟14号」「神舟15号」「天舟5号」の3つの宇宙船によるフル構成を実現して、宇宙飛行士6人が同時に軌道に滞在した。

コアモジュールの「天和」は全長16・6メートル、最大直径4・2メートルで、宇宙飛行士の活動空間は「問天」「夢天」を加えると110立方メートルとなる。「大和」にはハイテク機器が備えられている。筋肉を強化するための宇宙マッサージ機「神経筋肉刺激装置」、宇宙冷蔵庫の「真空断熱ボード」、尿から水を再生する「スーパー浄水器」などである。またシャワ

2023年10月、中国の宇宙ステーション「天宮」と「神舟17号」の結合体を示すシミュレーション画像 © 新華社／共同通信イメージズ

ーや風呂のない宇宙で快適に過ごすため、「カプセル型バスルーム」も備えられている。生命維持システムは「補給型」から「再生型」への転換を進めている。酸素資源の再生率は100％、水資源の再生利用率は95％以上に達する。

実験モジュール「問天」「夢天」では生命科学、医学、人体研究と微小重力下での科学実験が行われている。宇宙空間での人体の変化を調べるため、心血管、骨、筋肉、免疫系、バイオリズム、疲労、脳への負荷など、宇宙飛行士のすべての生理システムが分析対象となっている。また「天宮」には二光子顕微鏡が装備され、宇宙飛行士は自分の肌の三次元構造をリアルタイムで観測できる。

科学実験分野では世界17か国23機関が参加する9つの科学実験が国連との協力で承認されたほか、基礎研究から材料開発、創薬、医学、天文観測まで幅広い実験計画が組まれている。東京大学が提案した宇宙での燃焼実験も取り上げられた。

２０２３年3月、中国科学院は「夢天」に搭載された燃焼科学実験キャビネットで、初の軌道上での点火実験に成功したと発表した。微小重力の環境では空気による対流が生じないため、炎がどのような形になるのか、関心を集めた。

実験モジュールには「放射線暴露実験装置」「流体実験装置」など実験装置のほかに、粒子検出器、プラズマ・イメージング検出器など多数の観測機器が搭載されている。さらに宇宙での育種実験用にイネ、トウモロコシ、コムギなどの穀物の種やウマゴヤシ、シロツメクサなど牧草の種、ナス、カボチャ、トウガラシなど野菜の種、紅景天、五味子、甘草、紅花など薬草の種、サルビア、アサガオなどの花卉の種など、多種多様な植物の種が持ち込まれた。魚やマウスの飼育も計画されている。

「天宮」の設計寿命は10年だが、15年までの延長が可能とされている。また一部メディアは拡張モジュールを加えることで現在のT字型から十字型にアップグレードされる可能性があると伝えている。常時宇宙飛行士が滞在することになり、科学雑誌『ネイチャー』ウェブ版は２０２１年7月23日、宇宙科学実験を目指す研究者の「パラダイスになるだろう」と称賛した。

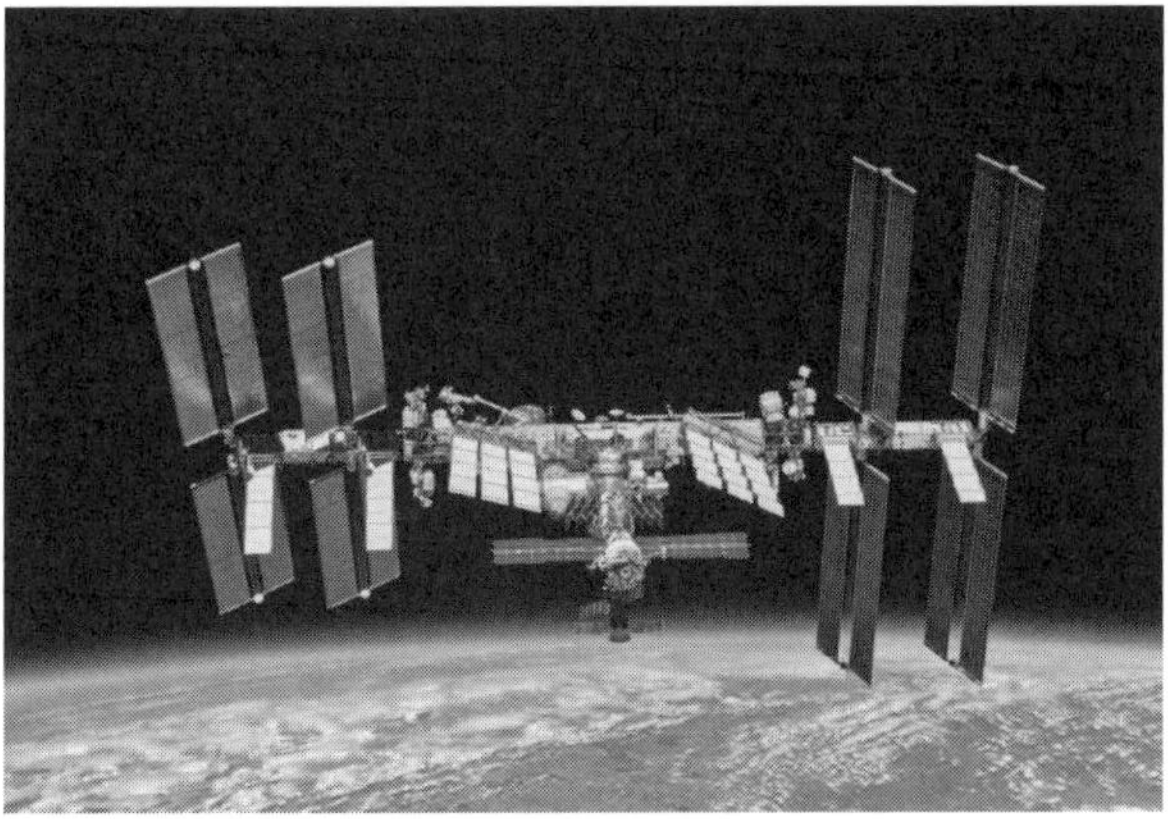
国際宇宙ステーション「ISS」©NASA

†国際宇宙ステーション「ISS」の命運

1991年12月25日のソ連崩壊がなければロシアが国際宇宙ステーション（ISS）に参加することはなかっただろう。ISSは宇宙開発での米ソ和解の象徴であった。2022年2月24日のロシアによるウクライナ侵攻以来、ISSは国際政治の波間で揺れている。

ISS最初のモジュール「ザーリャ」が打ち上げられたのは1998年のことである。続いて米国の結合モジュール「ユニティ」が打ち上げられた。以来、50回を超える打ち上げで50以上のモジュールやパーツが打ち上げられ、総重量420トンという地球軌道上最大の構築物となった。ISSは2011年に一応の完成をみたが、2021

年7月にはロシアの多目的実験モジュール「ナウカ」が新たに建設された。「ザーリャ」より後部がロシア・セグメント、「ユニティ」より前部が米国・セグメントと呼ばれる。日本の実験棟「きぼう」は2008年3月11日にスペースシャトル「エンデバー」での打ち上げを皮切りに、3回に分けて輸送され、2009年7月19日に完成した。

国際協力で進められたISSが宇宙科学分野で果たした役割は極めて大きい。これまでに250人以上の宇宙飛行士や一般人が訪問し、宇宙環境を利用して3000件以上の実験が行われた。ISSにアクセス可能な宇宙船としてはスペースシャトルのほかに、ロシアの有人宇宙船「ソユーズ」、補給船「プログレス」、スペースXの補給船「ドラゴン1」、有人宇宙船「クルードラゴン」、ノースロップ・グラマンの補給船「シグナス」、欧州宇宙機関の補給船「ATV」(Automated Transfer Vehicle)、それに日本の「こうのとり」がある。まさに宇宙のオープン・プラットフォームである。

中国も2007年に参加を打診したが米国の反対で実現しなかった。2011年には米国歳出法案に付加された「ウルフ修正条項」により、中国や中国企業との間でNASAの予算を使用することが禁じられたため、米中間の宇宙協力の道は閉ざされた。

米国は「アポロ計画」の後、再利用をコンセプトとしたスペースシャトルの開発とISSの建設を宇宙開発の主要な目標に据えた。スペースシャトルは「コロンビア」「チャレンジャー」「ディスカバリー」「アトランティス」「エンデバー」の5機が製造され、1981年4月12日の「コロンビア」の初飛行以来、135回の飛行をこなし、2011年7月8日の「アトランティス」の飛行をもって退役した。

1986年1月28日には「チャレンジャー爆発事故」が発生、日系二世の宇宙飛行士エリソン・オニヅカや初めて民間人としてシャトルに乗り込んだ社会科教師のクリスタ・マコーリフら7人全員が死亡した。日本テレビ記者として科学技術を担当していた筆者も大きな衝撃を受けた。

2003年2月1日には「コロンビア」が地球への帰還中に空中分解し、7名の宇宙飛行士全員が犠牲となった。宇宙空間への「打ち上げ」と地球への「帰還」がいかに危険と隣り合わせか、二つの事故は如実に示すこととなった。

ISSでのロシアの貢献は大きい。スペースシャトル退役後の宇宙飛行士と物資の輸送を担ったただけではない。初期にはロシアのモジュール「ザーリャ」と「ズヴェズダ」の太陽電池が唯一の電源だった。また生命維持でも米国と共同して酸素発生器を運用するほか、トイレや水分の再生装置もロシア製である。

最も重要なＩＳＳの高度制御ではロシア・セグメント側のエンジンが使われるほか、ドッキング中のプログレスも使用可能な状況に置かれる。高度４００キロの軌道では、大気の影響で徐々に高度が下がることから、年に数回、高度を上げるリブーストが必要となるのである。

ＩＳＳは２０２４年に退役することがほぼ決まっていたが、中国が「天宮」を打ち上げたことから、延長をめぐって米国議会で長い間議論が続けられてきた。バイデン大統領は２０２１年12月31日、ＩＳＳを２０３０年まで運用すると発表した。しかし老朽化は著しく、２０３０年までのミッション継続は極めて微妙な情勢となっている。

２０１９年9月、ロシアのモジュール「ズヴェズダ」で空気の漏洩が見つかった。２０２１年5月にはロボットアームにスペースデブリの比較的大きな衝突痕が見つかったほか、7月には最新モジュール「ナウカ」のエンジンが予定外の噴射を行って、一時的にＩＳＳの姿勢制御に困難をきたした。また9月には「ザーリャ」で金属疲労と亀裂を発見、さらに２０２２年12月の宇宙船「ソユーズ」からの冷却材漏洩、5月の電気系統冷媒の漏洩、10月に「ナウカ」からの冷却材漏れとトラブルが続いた。さらに２０２４年2月28日、再び「ズヴェズダ」で空気漏れが発生した。

老朽化に加えてウクライナ戦争の影響で、ロシアがＩＳＳから撤退するのではと懸念されている。ロシア・セグメントを運用するロスコスモスのユーリ・ボリソフCEOは2022年7月26日にプーチン大統領と会談し、「2024年以降のISS離脱を決めた」と伝えた。2023年4月12日には「2028年まで延長される」と修正したが、ISSの運命は国際情勢に翻弄されている。NASAの計画によると2030年にはすべての宇宙飛行士がISSから退却し、2031年には大気圏に突入させて「ポイント・ネモ」に廃棄される予定だ。

†花開く民間商用宇宙ステーション

米国のすごさは何といっても「ニュースペース」と呼ばれる民間宇宙ベンチャーのパワーである。ISSが退役すれば宇宙実験は「天宮」の独擅場となってしまう。NASAは低軌道での宇宙開発を民間に移譲するため、「商用低軌道開発プログラム」をスタートさせた。現在のISSに新しい民間モジュールを付加する「CDISS（Commercial Destination on ISS）」と、新しい宇宙ステーションの建設を目指す「CDFF（Commercial Destinations Free Flyer）」の二つの民間プロジェクトに、合わせて5億5560万ドル（約800億円）の資金提供を行うことを決めた。

「CDISS」の契約を獲得したのは米国の宇宙企業「アクシオム・スペース（Axiom

Space)」だ。「アクシオム・スペース」はISSに3つのモジュールを追加する計画で、ISSの運用中はその一部として使われるが、退役後は新たなコアモジュールや太陽パネルを接続し、「アクシオム・ステーション」として独立する。科学実験だけでなく民間宇宙飛行士の長期滞在を想定し、宿泊施設や展望室を設ける予定だ。2020年1月、NASAから1億4000万ドル（約200億円）の資金を獲得した。「アクシオム・スペース」は三井物産と事業提携している。

「CDFF」の枠組みではNASAが2021年12月3日、「ブルーオリジン」「ナノラックス」「ノースロップ・グラマン」の3社に総額4億1560万ドルにのぼる支援を行うことを決めた。募集には3社のほかに「スペースX」「スペース・ビレッジ」「オービタル・アセンブリー」「シンク・オービタル（Think Orbital）」「マベリック（Maveric）」「リラティビティ・スペース（Relativity Space）」など8社が応募したといわれており、「スペースX」の落選が注目を引いた。

1億3000万ドルの資金を獲得した「ブルーオリジン」はアマゾンの創始者ジェフ・ベゾスが立ち上げた宇宙ベンチャーである。2021年7月20日に弾道飛行打ち上げシステム「ニューシェパード」で世界初の宇宙旅行を実現した。また大型再使用ロケット「ニューグレン」

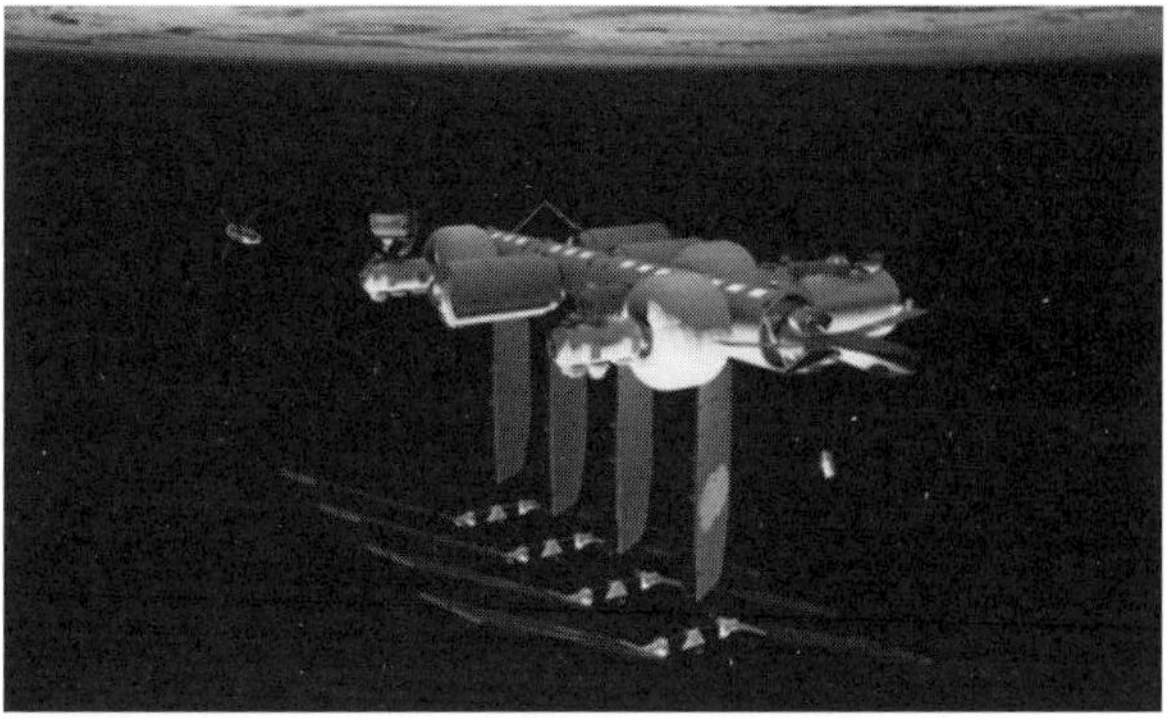
民間宇宙ステーション「オービタル・リーフ」©Blue Origin

や「アルテミスV」で使われる月着陸船「ブルームーン」を開発中だ。
「オービタル・リーフ（Orbital Reef）」と名付けられた宇宙ステーションは容積830立方メートル、周回高度はISSより高い500キロで、受け入れ可能人数は10人と大型である。「オービタル・リーフ」は「複合型ビジネスパーク」を目指しており、宇宙実験だけでなく、宇宙観光や宇宙ホテルとしての利用も視野に入る。
プロジェクトには小型宇宙船「ドリーム・チェイサー」を開発する「シエラ・スペース」、宇宙船「スターライナー」を開発中のボーイング、宇宙での保守・管理を得意とするエンジニアリング会社「ジェネシス・エンジニアリング・ソリューション」、宇宙科学実験の研究開発を行う「レッド・ワイアー・スペー

ナノラックスの「スターラボ」
©Nanoracks

ス」に加えて、アリゾナ州立大学を筆頭に複数の大学が参加する。「シエラ・スペース」は「ドリーム・チェイサー」の基地として大分空港と覚書を結んだほか、三菱重工とも開発協力の覚書を結んだ。

1億6000万ドルを獲得した宇宙ベンチャー「ナノラックス（Nanoracks）」は宇宙ステーション「スターラボ（Starlab）」の建設を目指す。「スターラボ」は4人の滞在が可能で、容積は340立方メートル、実験中心の宇宙ステーションとなる。核心部分は「ジョージ・ワシントン・カーバー・サイエンスラボ」と呼ばれる実験モジュールで、基礎研究だけでなく材料開発などを行う最新設備を備える。名前の由来となったジョージ・ワシントン・カーバー（1864－1943）は米国の黒人植物学者で、ピーナッツの有効利用法や輪作の研究などで知られる。

「ナノラックス」はISSにエアロックを提供したほか、「きぼう」の超小型衛星放出機構を製造した実績がある。プロジェクトには宇宙船「オリオン」を開発したロッキード・マーチンが参加、膨張式モジュールや「アトラス」ロケットを提供する予定だ。

ノースロップ・グラマン宇宙ステーション ©Northrop Grumman

1億2560万ドルを獲得したノースロップ・グラマンの構想は「ノースロップ・グラマン商用ステーション」として「ベース・モジュール」を構築すること以外、詳細は発表されていない。ノースロップ・グラマンは宇宙船「シグナス」の開発実績があり、「月ゲートウェイ」では居住モジュール「HALO」の開発を担当する。プロジェクトには軍需企業「レイドス（Leidos）」傘下の「ダイネティクス（Dynetics）」が参加する。

NASAが提供する総額5億5560万ドルは2025年までの第一フェーズである。主に概念設計の成熟度が評価されることになる。2026年から始まる第二フェーズでは計画の詳細確定とサービスの内容が問われることになり、完全かつオープンなコンペで競われる。

民間宇宙ベンチャーがパワーを発揮できる背景には、NASAのこうした大胆なサポートが存在する。「ニュースペース」と呼ばれる宇宙ベンチャーの裾野は広く、米国の宇宙開発力の源泉となっている。民間商用宇宙ステーションがISSの穴を埋めることができるか、世界の注目を集めている。

†GPSと「北斗」のスタンダード争い

GPS（Global Positioning System）は今やなくてはならない生活インフラとなっている。カーナビや船舶・航空機・ドローンの航法支援からスマートフォンまで、位置情報を必要とするデバイスにはほとんどすべてGPS機能が搭載されている。GPSは位置情報システムの代名詞となっている。もともと軍の部隊の位置情報把握やロケット打ち上げ、ミサイルの命中精度向上を目的として軍事用に開発された衛星測位システムで、今も米国防総省が管轄している。

民生用に開放されたのは1983年に起きた「大韓航空機撃墜事件」がきっかけである。1983年9月1日、大韓航空のボーイング747がソビエト連邦の領空を侵犯し、ソ連軍の戦闘機によって撃墜され、乗員乗客269人全員が死亡した。筆者も取材の一端を担った。

領空侵犯の原因は慣性航法装置への入力ミスやパイロットの判断ミスなど諸説あるが、パイロットが正確な位置情報を認識していなかったことが一因とされた。このため当時のロナルド・レーガン大統領が、GPSを民間に開放する大統領令に署名、システムもリニューアルされて広く使われるようになったのである。

開放後も米軍用には高い精度の情報が提供され、民生用には精度を落としたり、止めたりすることが可能だった。しかしこうした運用もビル・クリントン大統領によって2000年5月1日に廃止された。

GPS衛星は高度2万200キロの中軌道（MEO）を飛行する31機の衛星で構成される。衛星は1日2回地球を周回し、時刻や軌道情報を発信する。GPS受信機は複数の衛星から信号を受信して、自分の位置情報を割り出す。2000年頃まで誤差は約5メートルだったが、現在エリアによっては数十センチ程度まで向上した。技術的には2センチ以内にすることも可能といわれている。

衛星測位システム「GNSS」(Global Navigation Satellite System) には、ほかにロシアの「グローナス」(Glonass)、EUの「ガリレオ」(Galileo)、そして中国の「北斗」(BDS：Bei-Dou Navigation Satellite System) がある。2023年8月7日、ロシアは最新鋭の第4世代「Glonass-K4」の打ち上げに成功した。

中国が独自の衛星航法システム「北斗衛星測位システム（BDS）」の開発に踏み切ったきっかけは、1990年8月2日のイラクによるクウェート侵攻を発端とした湾岸戦争である。

米軍を主力とする多国籍軍が展開した「砂漠の嵐」作戦ではハイテク兵器が使われたが、それを支えていたのがＧＰＳである。中国人民解放軍はまるでコンピュータゲームのような米軍の精密爆撃に衝撃を受けた。しかも米軍はイラク軍が民生用ＧＰＳを使えないように、精度を落としていたのである。

もう一つのきっかけが「銀河号事件」である。１９９３年7月23日、米国は中国の貨物船「銀河号」がイランに化学兵器の原料を輸送している確かな情報があるとして、インド洋の公海上で臨検を要求した。中国政府はこれを拒否したが、サウジアラビアの仲介で積み荷を確認したところ、出てきたのは文房具や機械部品だけで、化学兵器の原料はなかった。この時米国は「銀河号」が航行する海域で、ＧＰＳの精度を落とすとともにノイズを加えたことから、「銀河号」は航行不能となり、立ち往生するしかなかったのである。中国では「銀河号の屈辱」として記憶されている。

「北斗」の開発は翌１９９4年に始まった。１９９6年の第3次台湾危機では、米国がＧＰＳを遮断したことから、中国人民解放軍は開発を急いだ。２０００年10月31日の待望の「北斗１型衛星」の初号機が打ち上げに成功した。２０１2年12月27日にはアジア太平洋地域での運用を開始、２０１8年には年間18基というスピードで衛星を打ち上げ、12月27日には全世界向けのサービスを開始した。２０２０年6月23日、「北斗3型衛星」の最終機が打ち上げに成功し、「北斗衛星測位システム」は完成したのである。

最新の「北斗3型衛星測位システム」は35基の衛星で構成され、高度約2万メートルの地球円軌道（ＭＥＯ）に24基、高度3万６０００キロの静止軌道（ＧＥＯ）に３基、高度3万６０００キロの対地傾斜同期軌道（ＩＧＳＯ）に3基が配置されている。ＩＧＳＯは静止衛星の軌道面を傾けた軌道で、赤道を境に南北で均等に8の字を描く。日本の準天頂衛星「みちびき」初号機もこの軌道を採用した。２０２３年5月17日には初号機から数えて56基目が打ち上げられるなど、衛星は随時最新型に更新されるとともに予備機が配置されている。

２０２２年版「新時代の中国北斗」白書によると、世界平均の水平方向誤差は9メートル以内、垂直方向は10メートル以内、速度測定誤差は1秒当たり０・2メートル以内、時報の誤差は20ナノ秒以内とされている。一方「北斗弁公室」の発表では水平方向2・5メートル以内、垂直方向5メートル以内となっている。一部地域では「北斗高精度サービス」が用意されており、精度は10センチメートル単位と報道されている。

大きな特徴はメッセージを送受信できることである。1通あたり全球で５６０ビット、漢字にして約40字、地域限定では1万４０００ビット、漢字にすると約１０００字相当のショートメッセージを送ることができる。

当初、中国政府は習近平主席の肝いりで始めた広域経済圏「一帯一路」参加国への展開をアピールしていたが、システム完成後はGPSを念頭に、世界展開に力を入れている。2023年7月5日に北京で開かれた「『北斗』顕彰会」では世界200以上の国・地域にサービスを提供し、「民間航空、海事、捜索救助などの分野で、国際的義務を積極的に果たしている」と強調した。

一方、国内での利用状況について2023年5月18日に発表された「中国衛星測位サービス産業発展白書2023」によると、中国全土の商用車790万台、シェア自転車500万台、船舶4万7000隻以上、郵便宅配車両4万台以上、農業機械10万台以上で「北斗衛星測位システム」が使われている。

また2022年のスマートフォン出荷台数2億6400万台のうち、98・5%が「北斗」システムに対応しており、産業全体の規模は5007億人民元（約10兆円）に上るとしている。米国の半導体メーカー「クアルコム」もチップを製造し、iPhone12以降が北斗に対応している。

航行測位システムでは先にシェアを取った方が圧倒的優位に立つ。どれほど技術的に優れていても、後発組は苦戦を強いられる。当面GPSの優位が揺らぐことはないが、「北斗衛星測位システム」が途上国を中心に、じわじわと普及することは十分に考えられる。日本でもGPSだけに依存することに懸念を示す研究者は少なくない。日本は準天頂衛星「みちびき」7基でGPSを補い、センチメートル単位の高い精度を目指している。

†量子衛星通信は中国の独擅場

原子レベル以下の極めて小さい粒子やエネルギーを記述する量子力学の世界は、我々が日常的に経験するニュートン力学の世界とは全く異なる。例えばテーブルに置かれているコインは「表」か「裏」かどちらかであるが、量子力学の世界では「表であり裏である」状態が出現する。コインがテーブルの上で回転している姿を想像するとわかりやすい。「量子重ね合わせ(Superposition)」と呼ばれる。

また二つのコインが強い相関関係を示す「量子もつれ(Entanglement)」という状態も作り出せる。テーブルの上の二つのコインのうち、どちらかが「表」と出れば、他方は「裏」と自動的に決まる状態である。「量子もつれ」は二つのコインがどれほど離れていても成立するので、現象は「量子テレポーテーション」と呼ばれる。実に不思議な現象である。

こうした量子の世界の性質を利用して、とてつもない演算能力を持つ「量子コンピュータ」の開発が世界で進んでいる。また絶対に盗聴できない「量子通信」が現実のものとなりつつある。

２０２２年のノーベル物理学賞は巧みな実験で量子情報科学の基礎を開いたフランスのアラン・アスペ博士（１９４７—）、米国のジョン・クラウザー博士（１９４２—）、そしてオーストリアのアントン・ツァイリンガー博士（１９４５—）に贈られた。

中国で「量子の父」と呼ばれる中国科学技術大学の潘建偉《ぱんけんい》教授（１９７０—）はツァイリンガー教授の愛弟子で、世界で初めて衛星を使った量子通信に成功した。「墨子《ぼくし》」と呼ばれる量子衛星通信は２０１６年8月16日、「長征2型」で酒泉衛星発射センターから打ち上げられた。「墨子」は高度約５００キロを周回する重量わずか６３０キロほどの比較的小さな衛星である。量子衛星通信としては今日に至るまでほとんど世界唯一で、米国は完全に後れを取った。

絶対に盗聴されない量子通信は理想的ではあるが、大気中や光ファイバーでは光子の減衰が著しく、遠距離の通信ができない。このため潘教授とツァイリンガー博士のグループは２０１１年、衛星を使った量子通信実験に乗り出した。宇宙空間を利用すれば、大気圏外はほとんど真空であり、大気中の飛程を20キロ程度に収めることができる。

2017年には「墨子」を使って上海と北京を結ぶ量子機密通信幹線「京滬幹線」が開通した。2018年1月には中国河北省興隆とオーストリア・グラーツの地上局の間で量子鍵の配送実験が行われ、7600キロの大陸間量子鍵配送に成功した。鍵のデータは約800キロバイト、一回限りの暗号化方式である「ワンタイムパッド」を使い、北京とウィーンを結んで動画配信と75分間の完全に機密な動画会議が行われた。

配信する画像データには「AES」という暗号化システムが使われ、鍵だけを絶対に破られない量子通信で配送する方式である。量子鍵配送「QKD（Quantum Key Distribution）」と呼ばれる。世界初の量子鍵配送「QKD」は1989年にIBMの研究室で行われたが、その時の通信距離はわずか32センチだった。

このニュースはたちまち世界を駆け巡り、科学雑誌『ネイチャー』2018年のトップニュースに取り上げられた。雑誌『サイエンス』を出版する全米科学振興協会（AAAS）は、年間のもっともすぐれた論文に与える「ニューカム・クリーブランド賞」を潘教授の論文に授与すると発表した。しかし2019年2月17日に行われた授賞式に潘教授は出席することができなかった。なぜならトランプ政権が潘教授にビザを発給しなかったからである。米国政府の動揺ぶりを示すものとして語り継がれている。

2021年1月には点と点を結ぶだけでなく、地上のネットワークと組み合わせて、4600キロに及ぶ広域の「天地一体型量子通信ネットワーク」の原型を構築した。光ファイバーでは光子の数が15キロで半減、200キロでは1万分の1になるといわれる。量子通信にはこうした光子損失や量子重ね合わせが壊れるデコヒーレンスなどの課題があったが、潘教授は光学システムの高度化によって難題を解消した。

『人民日報』はネットワーク全体が北京、済南《さいなん》、合肥《ごうひ》、上海を含む4省・3直轄市の32点をカバーし、すでに金融、電力、行政など150以上のユーザーと接続していると伝えた。もちろん最も有力なユーザーは中国共産党と中国人民解放軍である。事実新華社は「党政専用ネットワーク」の存在を明らかにしているほか、潘教授自身、当初から「まず5年後には国防部門、10年後には金融部門、15年後には一般家庭でも利用されるだろう」と語っている。

もちろん米国・カナダ、英国・欧州、それに日本でも量子通信の研究は行われているが、こと量子衛星通信に関しては中国の独擅場である。少なくとも現在のところ、長距離の量子通信を実現する手段としては衛星しかない。東芝は2021年6月、600キロの通信距離を実証したと発表したが、国家間をまたぐ通信には、他国に量子中継器を置かなければならない。

潘教授が副学長を務める中国科学技術大学は世界最大の研究機関中国科学院の傘下にあり、

今や世界の量子科学研究の中心の一つとなっている。２０２０年には量子コンピュータのプロトタイプ「九章」の構築に成功、当時世界最速のスーパーコンピュータ「富岳」で6億年かかる計算をわずか２００秒で解決できることを示したと発表した。また２０２３年8月には超電導量子ビットの生成で、これまでの最高記録である24量子ビットを大きく上回る51量子ビットのクラスター生成に成功したと発表した。中国科学技術大学がある安徽省合肥は今や量子科学研究のメッカとなっており、大学や研究機関だけでなく関連企業が集積する「量子大街」が形成されている。

「量子コンピュータ」「量子暗号通信」「量子センシング」「量子マテリアル」など、量子科学は新しい研究領域である。基礎研究では米国・カナダや欧州が優位にあるが、中国の強みは何といっても「応用」と「実装」である。とにかくモノを作って試してみるチャレンジ精神は日本も大いに見習うべきである。

潘教授のグループは２０３０年をめどにさらに大型高性能の量子衛星通信を開発中と言われる。衛星を利用した絶対に破られない量子通信インターネットは中国が世界をリードするかもしれない。

第三章

国家の威信をかけた中国の宇宙開発

2015年	スペースX、再利用型「ファルコン9」打ち上げ成功
	ブルーオリジン、無人の「ニューシェパード」がカルマンラインに到達
2018年	スペースX、「スターリンク」プロトタイプの打ち上げに成功
2019年	中国「嫦娥4号」、月の裏側への軟着陸に成功
	米国、「アルテミス計画」発表
	スペースX、「ファルコンヘビー」打ち上げ成功
2020年	「はやぶさ2」、小惑星「リュウグウ」からのサンプルリターンに成功
	スペースX「クルードラゴン」、ISSとのドッキングに成功
	中国、測位システム「北斗」完成
	「嫦娥5号」、月のサンプルリターンに成功
2021年	中国「天問1号」、火星軟着陸成功
	米「パーシビアランス」、火星軟着陸成功
2022年	中国宇宙ステーション「天宮」完成
	米SLSで無人の「オリオン」打ち上げ成功、「アルテミスⅠ」のスタート
2023年	スペースX、スターシップ/スーパーヘビー無人飛行試験に失敗
	アマゾン、「プロジェクト・カイパー」スタート
	インド、月面軟着陸に成功
	ロシア、「ルナ25号」での月面着陸に失敗
2024年	米国、次世代ロケット「ヴァルカン」打ち上げ成功
	日本の小型月探査機「SLIM」、月面着陸に成功
	次期大型ロケット「H3」打ち上げ成功
	米「インテュイティブ・マシーンズ」、民間初の月面着陸に成功

宇宙開発史年表

1903年	コンスタンチン・ツィオルコフスキー「反作用利用装置による宇宙探検」
1926年	ロバート・ゴダード、初の液体燃料ロケット打ち上げ
1942年	ナチスドイツのV2ロケット、高度100kmに到達
1945年	英アーサー・クラーク、通信衛星を提唱
1954年	糸川英夫、ペンシルロケット発射実験
1957年	ソ連、初の人工衛星「スプートニク1号」打ち上げ
1958年	米国、「エクスプローラ1号」打ち上げ
1961年	ソ連のユーリ・ガガーリン、初の有人宇宙飛行
	ケネディ大統領、アポロ計画発表
1962年	ジョン・グレン、米国初の宇宙飛行
1965年	初の商業通信衛星「インテルサット1号」
1969年	アポロ11号、人類初の有人月面着陸
1970年	日本初の人工衛星「おおすみ」打ち上げ
	中国初の人工衛星「東方紅1号」打ち上げ
1971年	ソ連「マルス3号」、初の火星軟着陸
1972年	アポロ計画最後の「アポロ17号」帰還
1976年	米「バイキング1号」、火星軟着陸に成功
1981年	スペースシャトル「コロンビア」打ち上げ成功
1986年	「チャレンジャー」爆発事故
	ソ連、宇宙ステーション「ミール」打ち上げ成功
1990年	秋山豊寛、日本人初の宇宙飛行
1992年	毛利衛、日本人初のスペースシャトル搭乗
1998年	国際宇宙ステーション(ISS)、組み立て開始
2003年	スペースシャトル「コロンビア」空中分解
	中国の宇宙飛行士楊利偉、初の宇宙飛行
2005年	「はやぶさ」、小惑星「イトカワ」への着陸に成功
2011年	最後のスペースシャトル「アトランティス」帰還
2012年	中国「嫦娥3号」、月の軟着陸に成功

†スプートニク・ショックが拓いた「宇宙の時代」

今日のロケット工学の基礎を築いたのは旧ロシア帝国の研究者コンスタンチン・ツィオルコフスキー（1857―1935）である。10歳の時、猩紅熱《しょうこうねつ》で耳が不自由となったが、独学で数学や物理学を学び、1903年、「反作用利用装置による宇宙探検」を発表、燃焼ガスを後方に噴射するときの反作用で推進力を得ることが可能であることを理論的に証明した。

ロケットが獲得する速度はエンジン性能（比推力）と構造性能（質量比）の積であるという「ツィオルコフスキーの公式」は、いまもロケット工学の最も重要な公式の一つである。また「地球は人類のゆりかごである。しかし人類はいつまでもゆりかごにとどまらない」という彼の言葉は、人々の宇宙に対する情熱を象徴する至言となっている。

世界で初めて液体燃料ロケットを打ち上げたのは、米国の科学者ロバート・ゴダード（1882―1945）である。1926年3月16日、マサチューセッツ州オーバーンで長さ数十センチのロケットを打ち上げた。ガソリンを燃料、液体酸素を酸化剤に使ったロケットで、2・5秒間で12・5メートルの高さに到達した。当時クラーク大学の教授だったゴダードは、ロケットが真空中でも飛行できると主張したが、『ニューヨークタイムズ』紙は「物質が存在しない宇宙空間でロケットが飛行できるはずがなく、ゴダード博士は高校で教わるはずのことすら知らない」とマッドサイエンティスト扱いしたのである。

のちにNASAはゴダードが取得した200件を超える特許をすべて買い取ったほか、1959年に設立された「ゴダード宇宙飛行センター」に彼の名を刻んだ。また1969年のアポロ11号打ち上げに際して、『ニューヨークタイムズ』紙はゴダードを批判した49年前の記事を撤回した。

ナチスドイツ・V2型ロケット（1945年撮影）

1939年に始まった第二次世界大戦は、戦後の宇宙開発に計り知れない影響を及ぼした。ナチスドイツが開発した世界初の軍事用ミサイル「V2型」ロケット（報復兵器第2号）は初めて宇宙空間に到達した人工物であり、初めて実戦で使われた弾道ミサイルである。全長14メートル、直径1・6メートルで最大射程は300キロを超え、弾頭に1トン近い爆薬を積むことができた。約3500発が英国やフランスの都市に打ち込まれ、市民を恐怖に陥れた。宇宙開発は軍事利用から始まったのである。

1957年10月4日、ソ連は人工衛星「スプートニク1号」を載せた「R-7型」ロケットの打ち上げに成功した。科学史上「スペースレース（Space Race）」と呼ばれる米ソ宇宙開発競争の始まりである。戦後世界は「冷戦」の時代に入っていた。すでにソ連は1949年8月29日に原爆実験に成功しており、ミサイルに核弾頭を搭載する大陸間弾道ミサイル「ICBM」が現実味を帯びたことから、米国民はパニックに近い衝撃を受けたという。いわゆる「スプートニク・ショック」である。

米国は4か月後の1958年1月31日、「ジュピターC型」ロケットで人工衛星「エクスプローラ1号」の打ち上げに成功したが、ソ連はその後、イヌの「ライカ」を宇宙に送ったのを皮切りに、アカゲザルの「エーブル」、リスザルの「ベーカー」などを宇宙に送り込んだ。1960年9月18日には「スプートニク5号」で、二匹のイヌ「ベルカ」と「ストレルカ」を地球に帰還させることに成功した。

1961年4月12日、ソ連の宇宙飛行士ユーリ・ガガーリン（1934―1968）が宇宙船「ボストーク1号」で地球の周回に成功、世界初の有人宇宙飛行を実現した。「地球は青かった」というガガーリンの第一声は、宇宙に浮かぶ地球の姿を伝える名言として記憶されている。

米国の宇宙飛行士ジョン・グレン（1921－2016）が地球周回を果たしたのは10か月後の1962年2月20日のことである。「グレン」の名はブルーオリジンが現在開発中の大型ロケット「ニューグレン」に刻まれている。

米国は宇宙開発競争の緒戦でことごとくソ連に後れを取った。起死回生を期した米国は1961年5月25日、ジョン・F・ケネディ大統領が「アポロ計画」を発表、10年以内に人間を月に送ると宣言したのである。

これに対してソ連も「ソユーズL3計画」で宇宙船、月着陸船、ロケットの開発を進めたが、全長100メートルの巨大ロケット「N-1型」の開発に失敗、撤退を余儀なくされた。「アポロ11号」の快挙は米ソの「スペースレース」に決着をつけた。しかし1972年の「アポロ17号」による有人月探査の後、月への関心は急速に冷めてしまったのである。

†フォン・ブラウン、コロリョフ、銭学森――宇宙開発を先導した人々

中国が初の人工衛星打ち上げに成功したのは1970年のことである。1970年4月24日、「長征1型」ロケットで初の人工衛星「東方紅1号」の打ち上げに成功した。時は「文化大革命」の真っただ中である。毛沢東を讃える楽曲「東方紅」の電波が宇宙から降り注いだ。2月

サターンV型ロケットとフォン・ブラウン
©NASA

11日には日本が「ラムダ-4S型」ロケットで「おおすみ」を打ち上げていたことから、中国はソ連、米国、フランス、日本に次いで世界5番目の人工衛星打ち上げ国となった。

戦後のソ連、米国、そして中国の宇宙開発は、米国のウェルナー・フォン・ブラウン（1912―1977）、ソ連のセルゲイ・コロリョフ（1907―1966）、そして中国の銭学森《せんがくしん》（1911―2009）という3人の科学者の強力なリーダーシップで進められた。

フォン・ブラウンはドイツのナチス党員であり、親衛隊（SS）の士官だった。ドイツ陸軍兵器局ロケット研究所で「V2型」ロケットの開発をリードしたが、ナチスの敗色が濃くなった1945年5月、仲間数百人とともに米軍に投降した。

米軍はロケット研究所のあったドイツ北部のペーネミュンデを捜索し、「V2型」ロケットの部品などを大量に押収するとともに、フォン・ブラウンらを米国に移送した。この時、最初の尋問にあたったのが当時米国カリフォルニア工科大学ジェット推進研究所の研究者だった中国出身の銭学森である。

米国に渡ったフォン・ブラウンは陸軍弾道ミサイル局（ABMA：Army Ballistic Missile Agency）でキャリアを再スタートした。最初のプロジェクトは米国初の人工衛星「エクスプローラ」を打ち上げた「ジュピターC型」ロケットの開発だった。1958年7月29日、米国航空宇宙局（NASA）が設立されると1960年にマーシャル宇宙飛行センターの所長に就任、巨大ロケット「サターンV型」の開発を成功に導いた。米国の宇宙開発はナチスドイツの科学者らによってリードされたのである。

ソ連で宇宙開発を率いたのはセルゲイ・コロリョフである。コロリョフは共産主義体制の中で権力闘争に巻き込まれ、1938年にはライバルのヴァレンティン・グルシュコ（1908―1989）の密告により逮捕・投獄されるなど、いばらの道を歩んだ。

1945年5月、独ソ戦に勝利したソ連はドイツから大量の技術者を移送、その数は数千人とも言われた。コロリョフは「V2型」ロケットを改良した「R-1型」ロケットを皮切りにソ連のロケット開発を担った。

セルゲイ・コロリョフ（親族提供）

最大の成果は人工衛星「スプートニク1号」の打ち上げに使われた「R-7型」ロケットである。「R-7型」は世界初の大陸間弾道ミサイルでもある。全長34メートル、直径3メートルでケロシンを燃料、液体酸素を酸化剤とする二段式の液体ロケットだ。ミサイルとロケットの技術はほぼ重なる。異なる点はミサイルの弾頭部分が大気圏への再突入に耐えられる構造（Re-entry Vehicle）となっていることである。

「R-7型」の第一段には複数のエンジンを束ねるクラスター式が採用された。一般にクラスター式は既存のエンジンを束ねて作ることから、巨大なエンジンを新規開発する必要がなく、信頼性が高いといわれる。一方で複数のエンジンを同期させなければならないことから、高度な制御技術が求められる。クラスター式はドイツ人技術者の発案と言われる。「R-7型」はその後も改良が続けられ、世界初の有人宇宙飛行「ボストーク1号」の打ち上げにも使われた。

米国の「アポロ計画」に対抗して、ソ連も有人月面探査に向けて大型宇宙船「ソユーズ」と巨大ロケット「N-1型」の開発を進めていた。しかし1966年、コロリョフはがんの手術中に死亡してしまった。強力なリーダーを失ったうえに、「N-1型」ロケットも4度の打ち上げに失敗して、ソ連は有人月面探査から撤退を余儀なくされた。「N-1型」は典型的なクラスター式で、30基ものエンジンを束ねる構造だったが、制御技術の開発に失敗したのである。

中国の宇宙開発を率いた銭学森も数奇な運命をたどった。国立交通大学上海本部（現在の上海交通大学）を卒業した銭学森は1934年10月、清華大学の公費留学生に選ばれ、1935年に渡米してマサチューセッツ工科大学（MIT）に入学した。

清華大学は1911年に設立された「清華学堂」に由来する。当時清朝政府は1900年の義和団事件に対する巨額の賠償金で苦しんでおり、欧米に賠償金の返還を求めていた。米国は賠償金を中国人留学生の米国留学費用に充てることを条件に返還に同意、清華学堂が設立された。「清華学堂」は「留美予備校」とも呼ばれていた。「美」は「美国（アメリカ）」を指す。中国語で米国は「米の国」ではなく「美しい国」と表記される。

米国に渡った銭学森は第二次世界大戦中、米国の核開発計画「マンハッタン計画」に参加した。その後MITからカリフォルニア工科大学に移り、1947年に同大学教授となった銭学森はセオドア・フォン・カルマン教授（1881―1963）とともにジェット推進研究所を設立した。フォン・カルマンはハンガリー出身の航空工学の専門家で、流体の後方にできる渦

中国の「ロケット王」銭学森 ©CRI

である「カルマン渦」や高度100キロを「宇宙」の定義とする「カルマン・ライン」にその名を残している。

1949年10月1日に中華人民共和国が成立すると銭学森は帰国を決意するが、折から全米を揺るがせていたマッカーシー議員の「赤狩り」に巻き込まれ、スパイ容疑で逮捕されてしまう。1955年10月、ようやく帰国した銭学森は1956年8月、新設された国防部第五研究院の所長に就任、以後、中国のミサイル・ロケット開発全体の陣頭指揮を執ることとなったのである。

銭学森らが開発した中国初の短距離弾道ミサイル「東風1号（DF－1）」ミサイルは1960年11月5日、打ち上げに成功した。「東風1号」はソ連から導入した「R－2」ミサイルが原型で、その「R－2」ミサイルはドイツの「V2型」ロケットが源流である。1970年4月に人工衛星「東方紅1号」を打ち上げた「長征1型」ロケットは「東風4号」をベースとして開発された。

銭学森は中国で最も有名な科学者である。ミサイルの「東風」シリーズとロケットの「長征」シリーズの礎を築いたことから、中国では「ロケット王（火箭王）」と呼ばれる。夫人の蔣英《しょうえい》（1919―2012）は日本人の母を持つ声楽家で、その美貌を讃えられた。

米国で学んだ銭学森が中国を宇宙大国へと導き、その中国がいま、米国のライバルとして立ちはだかっているのである。

†「宇宙強国」を目指す中国の国策宇宙開発

中国の国家指導者はほとんどが理系である。筆者が北京特派員をしていたころのトップである江沢民《こうたくみん》主席は上海交通大学、李鵬《りほう》首相はモスクワ科学動力学院、朱鎔基《しゅようき》首相は清華大学である。その後に続く胡錦濤主席は清華大学、温家宝首相は中国地質大学、習近平主席は清華大学である。文系は北京大学法学部卒で2023年10月27日に突然亡くなった李克強《りこつきょう》前首相くらいであろうか。中国は「理系国家」と言っても差し支えない。

習近平主席の科学技術にかける期待は大きい。2022年10月に行われた在任10年を総括する中国共産党大会の演説でも、科学技術関連の業績が大きく取り上げられた。

「われわれは科学技術の自立自強の推進を加速して、社会全体の研究開発費が1兆元から2兆

8000億元に増加して世界第2位となり、研究開発者総数が世界トップとなった。基礎研究と独創的イノベーションが不断に強化され、一部の基幹革新技術の開発にブレークスルーがあり、戦略的新興産業が発展・成長し、有人宇宙飛行、月面・火星探査、深海・地底探査、スーパーコンピュータ、衛星測位、量子情報、原子力発電、大型旅客機製造、バイオ医薬品などが重要な成果を収め、革新型国家の一員となった」

毛沢東の時代から「農業、工業、国防、科学技術」の「四つの現代化」は不変の目標であり、とくに「科学技術」は「農業、工業、国防」を支える力の源泉として重視されてきた。宇宙開発は中国にとって国の発展の象徴であり、国威発揚の手段でもある。「宇宙強国」として米国と肩を並べることは建国以来の国是なのである。

中国の宇宙開発は毛沢東の「両弾一星」政策に始まる。両弾とは「原子弾（原爆・水爆）」と「ミサイル（導弾）」、それに衛星である。しかし本格的な研究開発が始まったのは1978年の「改革開放」以降だ。「天安門事件」後の1992年1月に最高指導者鄧小平《とうしょうへい》が「南巡講話」で改革開放の加速を指示すると、1992年4月には有人宇宙飛行計画「神舟」がスタートした。

翌1993年6月、中国のNASAと言われる中国国家航天局と実働部隊の中国航天科技集団公司が設立され、有人宇宙飛行に向けて態勢が整えられた。

「宇宙強国」への道は平坦ではなかった。１９９５年1月26日、内陸の四川省西昌衛星発射センターから打ち上げられた「長征2型Ｅ」が打ち上げ直後に爆発、少なくとも20人が死亡した。翌１９９６年2月15日には同じく西昌衛星発射センターから打ち上げた「長征3型Ｂ」初号機が近隣の村に落下、周辺住民に多数の死傷者を出した。詳細は今日まで不明であるが、通信衛星「インテルサット７０８」を搭載していたことから、米国人技術者が事故を目撃していた。

中国初の宇宙飛行士楊利偉中佐と「神舟5号」© 中国通信／共同通信イメージズ

ロケットは打ち上げ9秒後に水平方向に傾き、22秒後に山腹に衝突した。有毒な燃料ヒドラジンを満載したまま落下したため、宇宙開発史上最悪の事故となった。中国メディアは死者6人と発表したが、西側メディアは死者が推定２００人から５００人にのぼったと伝えた。米国人技術者らは通信衛星の技術情報が漏れないよう、必死で破片を回収した。

被害が大きかった背景には、毛沢東が敵対するソ連や米国からの偵察や攻撃を回避するため、ロケットやミサイルの射場を内陸に定めたことが挙げられる。事故は今も時折伝えられ、2019年11月23日には「長征3型B」のブースターが民家を直撃し、有毒な燃料や煙が一帯を覆う事故があった。また2023年11月21日にはフランスの衛星が酒泉衛星発射センターで爆発によるとみられる痕跡をとらえたほか、12月27日にも広西チワン族自治区にロケットのブースターが落下する事故が起きている。

中華人民共和国建国50周年の1999年11月20日、中国は宇宙船「神舟1号」の打ち上げと回収に成功した。中国語で「神舟」は「神州」と同音で、「神州」は中国を讃える美称である。

2003年10月15日、中国空軍の楊利偉中佐を乗せた「神舟5号」が甘粛省酒泉衛星発射センターから「長征2型F」ロケットで打ち上げられた。中国初の有人宇宙飛行である。「神舟5号」は地球低軌道を14周した後、翌10月16日、内モンゴル自治区四子王旗の草原地帯に着陸した。中国はソ連、米国に次いで、独力での有人宇宙飛行に成功した3番目の国となったのである。

†ベールに包まれた中国の宇宙開発体制

中国は「党」が「国家」を指導する共産主義体制である。党の方針に従って行政を司るのが国務院で、工業全般を担う行政機関は日本の経済産業省にあたる工業情報化部（ＭＩＩＴ）だ。現在の部長は金壮龍（１９６４―）で、国防７大学の一つ、北京航空航天大学で博士号を取得したエンジニアである。専門はミサイル研究である。

宇宙開発のヘッドクォーターはＭＩＩＴ傘下にある国家航天局（ＣＮＳＡ）である。局長は張克倹《ちょうこくけん》（１９６１―）でＭＩＩＴの副部長（副大臣）を兼ねる。人民解放軍国防科技大学応用物理学科の卒業である。「軍民融合」を掲げる中国では軍と民間の人材交流はごく普通に行われる。とくに宇宙開発はミサイル開発や偵察衛星の開発など安全保障と密接に関連するため、その傾向が強い。ＭＩＩＴの傘下にはほかに人民解放軍系の国家国防科技工業局（SAS-TIND）がある。

ロケット、衛星、宇宙船の研究、開発、製造を担うのは二つの国有企業、中国航天科技集団有限公司（ＣＡＳＣ）と中国航天科工集団有限公司（ＣＡＳＩＣ）である。ともに銭学森が初代所長を務めた国防部第五研究院（１９５６年10月８日発足）を起源とする。

国家航天局が行政機関として政策立案、予算作成、連絡調整を主とするヘッドクォーターであるのに対して、ＣＡＳＣとＣＡＳＩＣは実働部隊である。中国の宇宙開発を担う核心的な組織と言ってよい。

国防部第五研究院としてスタートしたＣＡＳＣとＣＡＳＩＣは１９６４年12月26日に第七機械工業部、１９８２年３月８日に航天工業部、１９８８年４月９日には航空航天工業部へと変遷したあと、１９９３年３月22日には中国航天工業総公司として国有企業に姿を変えた。

１９９９年７月１日には朱鎔基首相が主導した国有企業改革により中国航天科技集団公司となり、２０１７年からは有限公司（株式会社）となった。

ＣＡＳＣはロケット、衛星、宇宙船、宇宙探査機、宇宙ステーションの研究開発と製造に加えて、ミサイル兵器システムの設計、製造、試験、発射などを担っている。とくに大陸間弾道ミサイル（ＩＣＢＭ）に関しては、中国で唯一の開発・生産部門である。

傘下にロケット開発全般を担う「中国運載火箭技術研究院」、固体エンジンの開発を行う「航天動力技術研究院」、主に衛星の開発を行う「中国空間技術研究院」、主に液体エンジンの開発を行う「航天推進技術研究院」など８つの国家重点研究所を抱える。

国有企業ランキングでは第２位にランクされ、２０２２年の「フォーチュン・グローバル５００」では３２２位に入る。職員数は２００７年に12万人超、２０１１年には16万人で、現在は20万人前後と見られる。会長は清華大学出身の呉燕生《ごえんせい》（１９６３—）で、一貫して宇宙工学の道を歩んだ専門家である。

一方のCASICはCASCから枝分かれした国有企業で、中国最大のミサイル兵器開発会社である。ICBMを除く各種ミサイルやレーザー兵器関連の開発を行っているとみられる。宇宙分野でもCASCとともにロケットや衛星開発を行っている。現在の会長は袁潔《えんけつ》（1965―）で、国防科学技術大学で航空宇宙工学を学び、一貫して宇宙開発畑を歩んできた。職員数は約15万人である。

CASCとCASICを合わせると職員数は約35万人に上る。NASAの職員数が約1万8000人、JAXAが約1600人であることを考えると、中国の宇宙開発が、けた違いの人海戦術で進められていることがわかる。

加えて人民解放軍の貢献も大きい。宇宙飛行士はすべて人民解放軍航天員大隊に所属する軍出身者である。またロケットや衛星の追跡、管制は人民解放軍装備発展部傘下の北京航天飛行管制センター（BACC）などが行っている。さらに打ち上げ射場の建設、整備、運用も軍の管轄である。

大学や研究機関も宇宙開発に加わる。世界最大かつ最強の研究機関である中国科学院には、国家宇宙科学センター（国家空間科学中心）、宇宙応用工学センター（空間応用工程技術中心）、微小衛星イノベーションセンター（微小衛星創新中心）、リモートセンシング・デジタル研究所（遥感与数字地球研究所）、力学研究所、国家天文台及び地方天文台、地質地球物理研究所（地質与地球物理研究所）、航空宇宙イノベーション研究所（空天信息創新研究院）など、多数の宇宙関連研究所が置かれている。また数学、物理、システム工学、コンピュータ技術などの研究所も宇宙開発に加わっている。中国科学院は100を超える研究所に7万人の研究者を擁し、論文数では断然トップで世界第1位の研究機関である。

人材供給源は大学である。宇宙開発や原子力開発を含む国防科学技術産業の振興を目的に、1961年には「国防七大学」（国防七子）が定められ、最大の人材供給源となっている。「国防七大学」はハルビン工業大学、北京航空航天大学、北京理工大学、西北工業大学、南京航空航天大学、南京理工大学、ハルビン工程大学の7校である。

また独自に衛星を打ち上げるなど、宇宙関連の教育や研究に熱心なのは、清華大学、浙江大学、武漢大学、国防科技大学、中国科学技術大学などで、いずれも世界大学ランキング上位に入る重点大学である。米国は2020年12月18日、国防七大学を含む18大学が人民解放軍と関係が深いとして制裁の対象に加えた。このほか400を超える宇宙関連ベンチャー企業がひしめいており、中国の宇宙開発を支える人材の裾野は極めて広い。

†ロケット発射場の世界比較

ロケットの打ち上げには射場の確保が必須である。中国には現在4つの射場がある。初の射場は1958年に建設された酒泉衛星発射センターである。名称は酒泉となっているが、甘粛《かんしゅく》省《しょう》酒泉市ではなく、内モンゴル自治区にある。海抜約1000メートルの高地にあり、東京都全体を上回る敷地面積を誇る。晴天に恵まれていることから年間300日の打ち上げが可能と言われる。旧ソ連の技術協力で建設され、1970年4月の「東方紅1号」の打ち上げに使われた。また初期には弾道ミサイル実験場としても機能していた。

1966年には同じくソ連の技術協力により、山西省《さんせいしょう》に太原衛星発射センターが建設された。太原も酒泉と同様、軍事基地を兼ねている。海抜1500メートルから2000メートルの高地にあり、射場の三方が山に囲まれている。南北に長い盆地にあることから、北極・南極を通るいわゆる極軌道衛星の打ち上げに適している。

1980年代に入ると中ソ国境から離れた四川省に西昌衛星発射センターが建設された。海抜1000メートルを超える高地の峡谷にあり、主力の「長征2型」と「長征3型」を中心に運用されている。

2013年には海南省に文昌衛星発射センターがオープンした。中国初の沿岸に作られた発射場である。大型ロケット「長征5型」の打ち上げが可能なのは文昌のみで、現在の主力射場となっている。

一般に緯度が低いほど打ち上げ効率が高い。地球は西から東へと自転しており、赤道付近では時速1700キロにもなることから、地球の重力圏を脱するのに有利となる。ロケットの大半が東向きに打ち上げられるのはこのためだ。南極と北極では速度ゼロである。

また衛星を赤道上空3万6000キロの静止軌道に打ち上げる場合、軌道傾斜角が小さくなることから、楕円形のトランスファー軌道（遷移軌道）から静止軌道に移行する際に、燃料の消費を抑えることができる。

ロケット打ち上げ時には切り離した残骸などが空から降ってくることから、射場の周辺が開けていることが望ましい。西昌射場では前述の通り1995年と1996年に重大な事故を起こした。内陸部の打ち上げでは、住民が一時的に退避させられることになる。また晴れの日が多く、強風に晒されないこと、ロケットや衛星の搬入が可能な交通機関があることなどの条件がある。

4つの射場の中で最も条件が良い文昌衛星発射センターは北緯19度という低緯度で、酒泉の

海南島文昌衛星発射センター © 新華社／共同通信イメージズ

北緯40・7度、太原の37・5度、西昌の28・5度に比べてはるかに優位である。また東、南、北の三方が海に開けている。さらに直径5メートルの大型ロケット「長征5型」は鉄道で運ぶことができないが、文昌であれば船舶による海上輸送が可能である。鉄道での輸送限界は直径3・5メートルである。

文昌の地理的条件は世界の主な射場と比べても遜色ない。NASAのケネディ宇宙センターは28・5度、ロシア（カザフスタン）のバイコヌール基地は45・6度、日本の種子島宇宙センターは30・2度で、文昌の優位性は明らかである。南米ギアナにある欧州のギアナ宇宙センター（クールー基地）は北緯5・2度と圧倒的優位にあるが、輸送に長い時間を必要とする。

文昌からはすでに「嫦娥5号」、宇宙ステーションのモジュール「天和」「夢天」「問天」、火星探査機

「天問1号」などが「長征5型B」で打ち上げられたほか、中型ロケット「長征7型」の打ち上げにも使われている。2022年には22回の打ち上げが行われ、「全戦全勝」を実現した。今後中国の最も重要な射場となることは疑いない。

2022年7月6日には中国初の民間商業打ち上げ場の建設が始まった。「文昌国際航天城」である。3つの発射台の建設工事が進んでおり、完成すれば年間40回から50回の打ち上げが可能となる。またロケット、衛星、データ関連の企業など宇宙産業のバリューチェーンを構成する企業・研究所205社がすでに入居し、宇宙関連のエコシステムを形成している。2023年4月25日には深宇宙探査実験室文昌基地の建設が決まった。文昌は中国のケネディ宇宙センターとなるだろう。

†「長征」シリーズロケットのラインナップ

「長征」とは1935年、蔣介石の国民政府軍に追われた毛沢東率いる紅軍が中国南部の瑞金から中西部の陝西省延安に至る約1万2000キロを行軍した史実を指す。中国の宇宙開発は1950年代半ばからソ連の技術導入によって始まったが、中ソ対立によって1960年6月にはソ連側が撤収した。以後、中国は独自開発の道を歩むこととなった。

「東風4型」ＩＲＢＭをベースとした「長征1型」の開発は１９６５年に始まり、１９７０年の「東方紅1号」衛星の打ち上げに使われたが、１９７１年に2度目の打ち上げが行われただけで終わった。全長約30メートルで低軌道（ＬＥＯ）打ち上げ能力は３００キロだった。

続く「長征2型」は今も主力ロケットの一つであり、「Ａ」「Ｃ」「Ｄ」「Ｅ」「Ｆ」と5つのバージョンがある。２０２２年末までに１７８機が打ち上げられた。

モデルとなる「長征2型Ａ」は「東風5型」ミサイルをベースにした二段式ロケットで、１９７５年、初打ち上げに成功した。「長征2型Ｃ」「長征2型Ｄ」ではエンジンと推進剤の改良が進んだ。とくに「長征2型Ｃ」は２０２１年8月24日、直径4・2メートルという大型フェアリングを備えたバージョンが打ち上げに成功した。また「長征2型Ｄ」は２０２３年6月15日、中国での新記録となる衛星41機の同時軌道投入に成功した。

最も重要なのが有人宇宙飛行に使われる「長征2型Ｆ」である。中国建国50周年の１９９９年11月19日の初飛行で宇宙船「神舟1号」の打ち上げに成功した。全長58・3メートルで第一段はコアエンジンと4基の液体ブースターエンジンで構成されている。低軌道（ＬＥＯ）打ち上げ能力は8・8トンである。

有人宇宙飛行にとって重要なのは安全性である。「長征2型Ｆ」には事故時に宇宙飛行士が

長征５型Ｂの打ち上げ © 新華社／共同通信イメージズ

退避できる「低空退避」「高空退避」「応急分離」の３つの機能が組み込まれている。打ち上げ時の振動がかなり激しく、２００３年に初めて宇宙飛行を行った楊利偉宇宙飛行士は、激しい振動で体調を崩したといわれている。

「長征3型」には「A」「B」「C」と3つのバージョンがある。とくに「長征3型B」は静止衛星打ち上げに多用されている。全長54・8メートル、コアの直径3・35メートルの三段式で、第一段には4基のブースターを備える。低軌道打ち上げ能力は11・2トンである。

「長征4型」も「A」「B」「C」と3つのバージョンがあり、「B」と「C」が現役だ。全長45・8メートル、直径3・35メートルの中型ロケットで、低軌道投入能力は4・2トンである。

「A」はすでに退役しているが、「B」と「C」は太原衛星発射センターから打ち上げられ、主に低軌道や太陽同期軌道への衛星投入に使われる。

中国待望の大型ロケットが「長征5型」である。とくに「長征5型B」は低軌道投入能力が25トンとスペースX「ファルコンヘビー」の63・8トン、ボーイング社「デルタⅣ型ヘビー」の28・8トンに次ぐ世界3番目の大型ロケットである。

しかも単段式である。通常第一段は地球の重力圏を脱するために、短時間の燃焼後に切り離されるが、「長征5型B」は第一段がそのまま周回軌道に到達する。このため巨大な第一段コアステージ（YF－77エンジン）が構造体とともに大気圏に再突入することになり、予定された海域への投下が困難となる恐れがあるのである。第二段、第三段に使われる小さなロケットであれば再突入時に燃え尽きるが、制御されていない大型の第一段は燃え尽きないことがある。

事実2020年5月に西アフリカのコートジボアール、2021年4月にインド洋、2022年7月にはフィリピン・パラワン島沖にコアステージやブースターの断片数トンが落下した。米国側は「宇宙で活動する国は再突入の際、人命や財産へのリスクを最小化すべきだ」と度々批判するが、中国は「西側の誇張で状況は危機的ではない」と反論する。「宇宙条約」第7条は宇宙空間に物体を投入する国や機関は損害が生じた場合、国際的な責任があることを明記している。

「長征6型」は2015年9月に初打ち上げが行われた。新バージョンの「長征6型A」は液体燃料エンジンと固体エンジンを組み合わせた中国初のハイブリッド型で、2022年3月29日、初打ち上げに成功した。全長50メートル、直径3・35メートルで、高度700キロの太陽同期軌道に4トンのペイロードを投入できる。新華社は「中国の次世代ロケットファミリーに新たな一員が加わった」と強調した。

「長征2型F」の後継ロケットで、今後有人での打ち上げにも使われるのが「長征7型」である。2016年6月に初めて打ち上げられた。新バージョンの「長征7型A」は2021年12月、初打ち上げに成功した。全長53メートル、直径3・35メートルで、低軌道投入能力は14トン、太陽同期軌道への投入能力は5・5トンである。段階的に「長征2型」「長征3型」「長征4型」にとって代わることになる。すでに無人補給機「天舟」や試験衛星の打ち上げに使われている。

「長征8型」も最新のロケットである。2020年12月に初打ち上げに成功、新技術実証衛星7号を含む5基の人工衛星を太陽同期軌道に投入した。「長征7型」をベースにしており、改良型ではブースターが付加される予定だ。全長50・34メートル、直径3・35メートルで、太陽同期軌道に5トンの打ち上げ能力を持つ。スペースXの「ファルコン9」のように、第一段の再利用を目指していると伝えられる。

「長征11型」は中国が独自に開発した初の固体燃料ロケットである。一―三段目までは固体燃料、四段目には液体燃料エンジンが積まれている。2015年9月25日、初打ち上げに成功した。新華社は打ち上げ準備時間が「月単位」から「時間単位」に短縮され、「24時間以内の打ち上げが可能になった」と伝えた。全長20・8メートル、直径2・0メートルの小型ロケットで、2019年6月5日には黄海海域で海上からの打ち上げにも成功した。海上からの打ち上げについて新華社は、「一帯一路諸国に貢献する」と論評していることから、中東・アフリカ諸国などへの海外進出を狙っているものと見られる。

このように「長征」シリーズは派生型のバージョンを含めて、極めて多種多様なラインナップとなっている。エンジンは固体、液体、ハイブリッドを取りそろえ、衛星の構造・機能や投入する軌道に柔軟に対応できる体制を整えているのである。「ライドシェア」を含め、複数衛星の打ち上げ実績も積み重ねている。

「フォーチュン・ビジネス・インサイト」によると衛星打ち上げビジネス市場は2023年の91億5000万ドルから2030年には205億4000万ドルに拡大すると予想されている。

中国が果たして米国と欧州が独占する衛星打ち上げ市場に風穴を開けることができるか、世界が注目している。

中国民間宇宙ベンチャーの夢と現実

「長征」シリーズ以外にも中国は多種多様なロケットを開発している。「快舟」「開拓者」「力《りき》箭《や》1型」「捷竜《しょうりゅう》」「騰竜《とうりゅう》」「天竜2型」などである。「快舟」は国防七子（国防七大学）のハルビン工業大学が開発した小型ロケットで、すでに20回を超える打ち上げ実績がある。「開拓者」は2007年に中国が行った衛星破壊実験「ASAT」に使われたが、その後の開発の詳細は不明である。

「力箭（中科）1型」は2022年7月22日、酒泉衛星発射センターから打ち上げられ、6基の衛星同時打ち上げに成功した。中国科学院力学研究所などが開発した全長30メートル、直径2・65メートルの四段式で、中国最大の固体ロケットである。2023年6月7日には「力箭1型遥2」ロケットが26基の衛星を軌道に投入することに成功した。固体ロケットの「捷竜」、液体ロケットの「騰竜」などの「竜」シリーズは商用目的に開発が進む。打ち上げ単価の低減が最大の目的である。

中国の民間企業も参入を始めた。民間企業初の打ち上げとなったのは2018年5月18日に打ち上げられた「零壱空間（One Space）航天科技」の「重慶両江之星（OS-X0）」である。同ロケットは全長9メートルの小型ロケットで、到達高度は40キロだったが、民間による初の商業打ち上げとして注目された。

2019年7月には中国の宇宙ベンチャー「星際栄耀（iSpace）」が小型ロケット「双曲線1型」の初号機打ち上げに成功した。「双曲線1型」は四段式の小型固体ロケットで、その後3回連続で打ち上げに失敗したが、2023年4月17日、ようやく2度目の成功を果たした。2016年設立の「iSpace」は、ファルコン9のような再使用ロケットの開発とともに、宇宙旅行用弾丸ロケット「双曲線3型」の開発を進めている。

2020年11月7日には「星河動力空間科技（Galactic Energy）」が「穀神星1型」ロケットの打ち上げに成功した。「星河動力」は2018年2月の設立で、ケロシン・液体酸素を推進剤とするエンジン「火鳥6型」を開発、垂直着陸による再利用可能ロケット「智神星1型（Pallas-1）」の開発を目指している。

さらに「天兵科技」は2023年4月2日、中型ロケット「天竜2型遥」の打ち上げに成功、「愛太空科学（宇宙を愛する科学）号」を無事太陽同期軌道に投入した。「天兵科技」は中型・

世界初のメタンエンジン搭載「朱雀２型」ロケット ©LandSpace

大型の液体ロケットを開発する宇宙ベンチャーで、67%が上級専門職、95%以上が修士号を持ち、平均年齢は38歳という。「天竜2型遥1」は全長32・8メートル、直径3・35メートルの液体ロケットである。「天兵科技」は大型ロケットの開発も目指す。

特筆すべきは「藍箭航天《あいせんこうてん》空間科技（LandSpace）」である。2023年7月12日、世界初となる液体酸素とメタンを推進剤としたロケット「朱雀2型」の打ち上げに成功した。メタンを燃料とするエンジンはスペースXの次世代超大型ロケット「スターシップ／スーパーヘビー」やブルーオリジンの大型ロケット「ニューグレン」にも搭載される予定だが、まだ開発の途上にある。

メタンを燃料として使うメリットは大きい。液体燃料としては水素、「RP-1」と呼ばれるケロシン、ヒドラジン、メタンなどがあるが、ヒドラジンは毒性が高いことから使われなくなった。酸化剤は液体酸素と四酸化二窒素がある。燃料と酸化剤を合わせて「推進剤」と呼ばれ、様々な組み合わせが使われている。

液化メタンは液体水素に比べて単位密度当たりの推進力が大きく、燃料タンクの小型化が可能で、しかも安価である。またケロシンと違って燃焼によってすすが発生しないことから、エンジンの健全性を長期間保つことができる。

打ち上げに成功した「朱雀2型」に搭載されたエンジンは一段目に80トン級の「天鵲12」エンジン4基、二段目に「天鵲12」1基と10トン級「天鵲11」1基を搭載した二段式で、全長49・5メートル、直径3・35メートルの本格的大型ロケットである。「藍箭航天」の張昌武《ちょうしょうぶ》創業者兼CEOはメタンが安価ですすを生じないことから、「低コスト、高頻度の商業打ち上げが可能となり、エンジンの再利用にもプラスとなる」と語った。

中国は2014年「重点分野における投融資制度革新と民間資本の参与推進に関する指導意見」とその後発表された「国家民間空間インフラ中長期発展計画（2015―2025）」で、打ち上げビジネスと小型衛星事業を民間に開放した。もちろん「民間」と言っても、「党」の指導下にあることは変わりない。「軍民融合」を掲げる中国では、射場を含めて民間だけで宇宙開発に参入することは事実上できない。

２０２２年末現在、「中国のニュースペース」と呼ばれる民間宇宙ベンチャー企業は４３３社にのぼる。６０００社を超える米国にははるかに及ばないが、ここ数年、急増していることは間違いない。中国の宇宙ベンチャーには国内ファンドだけでなく、セコイヤ・キャピタルやライトスピード・ベンチャー・パートナーズなど、海外のファンドも投資を始めている。中国の「ニュースペース」が花開くかどうか、習近平政権の宇宙政策にかかっている。

百花繚乱、中国の衛星開発

２０１８年、人工衛星の打ち上げ回数で中国が米国を抜いてトップに躍り出た。その後２０２０年には米国、２０２１年には中国、２０２２年は米国がトップと、目まぐるしく入れ替わっている。米国の大半はスペースＸのスターリンク衛星の打ち上げである。今や衛星打ち上げ競争は中国対スペースＸの構図となっている。

人工衛星には目的に応じて様々な種類がある。おなじみの気象観測衛星のほか通信衛星、放送衛星、地球観測（リモートセンシング）衛星、航行測位衛星、科学技術衛星などである。地球観測衛星はさらに陸域の観測、海洋観測、大気の観測などに分かれる。もちろん軍事用の偵察衛星も含まれる。

中国はすべての分野で多種多様な衛星を打ち上げている。とくに注目されるのが地球観測衛星である。地形の把握や地図の作成、国土の測量、都市開発や農村建設、さらには災害の検知、自然環境・生態環境の調査、水利、農業・林業などにも使われる。

中国国家航天局の発表によると、軌道上を運行する質量300キロ以上の中国の人工衛星は300基以上で、米国に次いで世界2位である。このうちリモートセンシング衛星は200基以上を占め、解像度16メートルの衛星データが24時間世界をカバーし、解像度2メートルの光学衛星が1日に一度、地球を周回している。また解像度1メートルの合成開口レーダー（SAR）が世界の任意の地域を5時間に一度、周回しているという。

主に民生用に高解像度の画像を提供しているのが「高分」シリーズである。マルチスペクトルカメラや合成開口レーダー、温室効果ガスセンサーを搭載した衛星が80基近く打ち上げられている。2023年8月21日、「高分12号04」が打ち上げられた。「高分」は誤差1メートル以内で3D地図の作成が可能である。

一方、「遥感」シリーズと「天絵」シリーズは軍民両用だが、主に偵察衛星として使われているとみられる。「遥感」はすでに100基以上が高度400キロから1200キロの軌道に打ち上げられている。複数の衛星を組み合わせて艦艇などの位置を特定することができる電子情報機能（ELINT）を持つといわれる。

ほかにも資源探査を目的とした「資源」、高分解能の観測を行う「高景」シリーズ、商業用地球観測衛星「珠海《しゆかい》」シリーズ、陸域の観測に特化した「陸地探査」シリーズ、地震波を検知する「張衡《ちようこう》」、災害対策用の「環境減災」シリーズ、海洋観測を行う「海洋」、気象観測の「風雲」シリーズ、大気観測の「雲海」、二酸化炭素観測衛星「碳衛星《タンサツト》（CarbonSatellite）」などがある。

2023年3月20日に打ち上げられた「宏図」は4基で編成され、軌道上で車輪型の編隊を組んで、全天候型の合成開口レーダーにより地上で発生するミリ単位の変化をとらえることができる。24時間連続で高品質のイメージング観測が可能で、新華社は「技術全体が世界のトップに達した」と伝えた。

初期の商用通信衛星は「スペースシステムズ／ロラール（SS／L）」や「ターレス・アレニア（TAS）」などから導入されたが、1994年に打ち上げた「東方紅3号」以降は三軸制御を採用した本格的国産通信衛星の開発に乗り出した。

世界の潮流は通信衛星の高性能化に向かっている。中国も2017年4月12日、初のハイスループット衛星「中星16号」の軌道投入に成功したのに続き、2022年11月5日には「中星19号」の打ち上げに成功した。また2023年2月23日に打ち上げられた「中星26号」は100Gbps《ギガビット毎秒》の高速大容量通信が可能で、衛星の筐体《きょうたい》には「東方紅4号」衛星バスが使われた。「中星16号」は東経110・5度、「中星19号」は163度、「中星26号」は125度で、中国がアジア太平洋地域での衛星通信網拡大を目指していることがわかる。

さらに2023年7月23日、中国初のフレキシブル太陽電池パドルを搭載した通信衛星「銀河航天霊犀3号」の打ち上げに成功した。フレキシブル太陽電池は1層わずか1ミリの太陽電池パネルを5センチほどに折りたたんだ形で、軌道上で展開すると長さ9メートル、幅2・5メートルの太陽電池パネルとなる。

中国は科学衛星の打ち上げにも力を入れ始めた。2023年1月9日、科学試験と技術検証を目的とした「実践23号」を打ち上げたほか、3月29日には科学衛星「慧眼」と宇宙望遠鏡「極目」がこれまでで最も明るいガンマ線バーストを測定したと発表した。また5月21日は地球低緯度での磁場を観測する目的で「澳門科学1号」が打ち上げられたほか、5月30日には太陽探査衛星「夸父1号」が観測した太陽フレアの成果が発表された。

このほか地方政府や大学が打ち上げる多種多様な衛星があり、まさに百花繚乱の状況を呈しているのである。

第四章

躍動する米国の宇宙ベンチャー「ニュースペース」

†宇宙の構造と衛星の軌道

宇宙空間は一体どこから始まるのだろうか。実は「宇宙」についての定義は、宇宙空間での活動に関する国際的な取り決めである「宇宙条約」でも定められていない。「宇宙はどこから始まるか」という問題は「宇宙法」の最大の課題と言われている。

一般には海面から高度100キロの「カルマン・ライン」を宇宙空間の始まりとしており、国際航空連盟（FAI）もこれを採用してきた。「カルマン・ライン」はハンガリー出身の米国の航空工学者セオドア・フォン・カルマンが、十分な大気が存在する高度をおよそ100キロと算出したことに始まる。

一方NASAと米空軍は高度80キロを超えて飛行した人を「宇宙飛行士」と認定している。これに合わせてFAIも2018年、宇宙空間の始まりを高度80キロとすることを求める声明を発表した。ちなみに高度100キロに衛星を打ち上げても、1周しないうちに地球に落下する。

宇宙利用の視点から見ると、最も重要なのは「静止軌道（GEO：Geostationary Earth Orbit）」である。人類の宇宙利用は静止軌道から始まったといってよい。1945年、英国の

SF作家アーサー・クラークは静止軌道に3機の衛星を配置して、地球全体をカバーする通信ネットワークの構築を提唱した。この構想はインテルサットとして実を結び、1965年に大西洋上、1967年に太平洋上、1969年にはインド洋上の静止軌道に通信衛星が投入され、全地球をカバーする衛星通信ネットワークが完成したのである。

赤道上空高度3万5786キロの静止軌道は、地上から見て衛星が静止しているように見えることから、通信衛星や放送衛星の主要な軌道として使われている。日本のBS・CS放送の衛星は東経110度や124度、128度の静止軌道上に配置されている。

静止軌道上では混信を避けるため衛星を2度間隔で配置しているが、これでは180機の衛星しか配置できない。このため使用する周波数を変えたり、サービスエリアを絞るなどの工夫が凝らされている。「宇宙は広い」と思われているが、静止軌道上には500機を超える衛星がひしめいており、軌道位置の確保をめぐって激しい国際競争が展開されているのである。

高度2000キロ以下は「低軌道（LEO：Low Earth Orbit）」と呼ばれる。とくに高度200キロ近辺は、衛星をさらに高い軌道に打ち上げるための「パーキング軌道」として使われている。衛星をいったん「パーキング軌道」に投入した後、最終的に希望する高い軌道に投入する方法である。高度200キロになると打ち上げた衛星は、1週間ほど軌道上に留まること

深宇宙とは

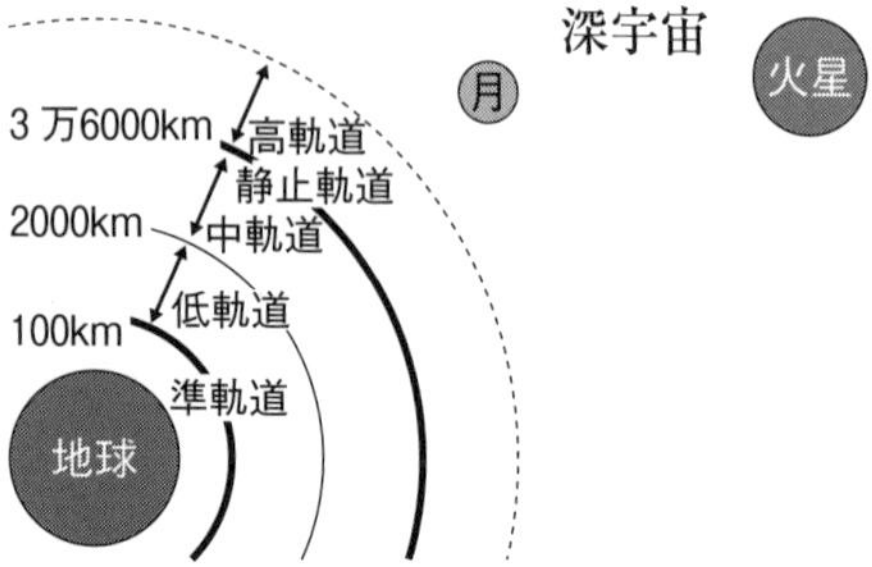

ができる。

宇宙ステーションなどの有人宇宙活動は高度400—500キロの低軌道で運用される。宇宙空間は強烈な放射線が飛び交っているが、赤道上空2000キロの外側に広がる「ヴァンアレン帯」が放射線を遮っているからである。「ヴァンアレン帯」は地球の磁場によって生じており、地球を二重に包み込んでいる。逆に「ヴァンアレン帯」の内部は高線量となっており、アポロ計画では宇宙飛行士の被ばく線量が最小となる軌道が取られた。名称は米国の物理学者ジェームズ・ヴァン・アレンに由来する。LEOは地球との距離が近いことから、地球観測や通信などで最も頻繁に使われている。

高度2000キロから静止軌道までは「中軌道（MEO：Medium Earth Orbit)」と呼ばれる。主にGPS衛星がこの軌道で運用されている。さらに静止軌道（GEO）の外側は「高軌道（HEO：High Earth Orbit)」と呼ばれ、準天頂衛星などが周回している。

静止軌道上で役割を終えた衛星は「デオービット（Deorbit）」され、静止軌道より200キロから300キロ高い軌道に遷移される。この軌道は「衛星の墓場」とも呼ばれ、デオービットされた衛星はほぼ半永久的に軌道上を回り続ける。

衛星の軌道面は必ず地球の中心を通り、軌道面と赤道面が交わる角度は「軌道傾斜角」と呼ばれる。衛星は様々な高度と軌道傾斜角で地球を周回する。南極と北極を通る「極軌道衛星」は軌道傾斜角が90度で、地球観測、気象観測に多用されている。また地球との近地点と遠地点が異なる楕円軌道も使われており、とくに静止軌道に衛星を投入するための「トランスファー軌道」がよく知られている。

宇宙に飛び出すには物体に一定の初速度を与えなければならない。海抜ゼロメートルを仮定して、物体に速度を与えて地球を周回させるには、1秒間に約7・9キロの速度が必要である。これを「第一宇宙速度」と呼ぶ。この速度を超えると、理論的には打ち上げられた物体が地球に落ちてくることはない。また地球の重力を振り切って、宇宙空間に飛び出すには秒速11・2キロが必要である。これを「第二宇宙速度」という。惑星探査や深宇宙探査には地球の重力圏を脱する「第二宇宙速度」を実現しなければならない。さらに太陽系を脱出するためのスピードは「第三宇宙速度」と呼ばれ、秒速16・7キロである。

宇宙空間、大気圏、成層圏

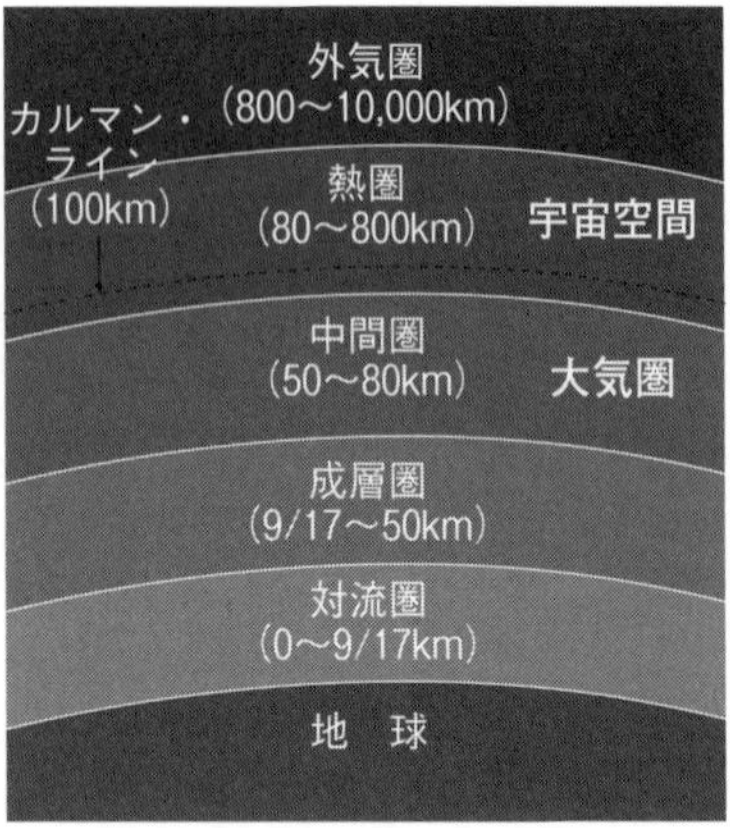

ジャンボジェット機のスピードが秒速０・２５キロ、ジェット戦闘機が０・７から１・０キロ、ライフル銃の弾が０・６から１・０キロ程度であることを考えると、地表から地球周回軌道に衛星や宇宙船を打ち上げるために、どれほど大きなエネルギーが必要か想像できるだろう。

では高度１００キロ以下はどうなっているのか。地球大気の構造からみると、高度ゼロから10キロを「対流圏」、10キロから50キロを「成層圏」、50キロから80キロを「中間圏」、80キロから８００キロ付近までを「熱圏」と呼ぶ。ジェット旅客機が飛ぶのは「対流圏」と「成層圏」の境界高度10キロ付近である。ジェット戦闘機は地上からの砲撃を避けるため、さらに高い高度を飛ぶ。これまでの最高到達高度はソ連のミグ25による37・６５キロである。

最近注目されているのが「成層圏」である。「成層圏」には人類を紫外線から守る「オゾン層」が存在する。人類が紫外線に晒されると、皮膚がんや白内障が増えることが知られており、

1970年代半ばに冷蔵庫の冷媒やエアコン、スプレーなどに使われていた塩素を含むフロンが「オゾン層」を破壊する原因物質であることが明らかになった。1982年には日本の南極観測隊が観測したデータから、「オゾン層」に穴が開いた状態の「オゾンホール」の存在が確認された。1987年になってようやくフロンなどの規制が始まったが、ひとたび破壊された環境を回復させるには極めて長い時間が必要となる。2023年1月、国連環境計画は2066年ごろまでに「オゾンホールが消失する」との見通しを示した。

「成層圏」の中でも高度20キロ付近は気流が比較的安定していることから、無人のバルーン、ソーラープレーン、大型飛行船、有人の成層圏ジェット機を打ち上げて、無線通信プラットフォームを構築する計画が進んでいる。「HAPS（High Altitude Platform Station）」と呼ばれ、日本のソフトバンクをはじめ米国のベンチャー企業が実証実験を続けている。ソフトバンクの構想はHAPSと低軌道衛星、それに静止衛星を組み合わせて「非地上ネットワーク（NTN：Non-Terrestrial Network）」を構築するという壮大な計画となっている。

前述の通り、米国は静止軌道より低い宇宙空間を民間に開放した。地表付近を飛ぶドローンから静止衛星まで、これからも新しいアイデアで「空間（Space）」の利用が進むことは間違いない。

†米国ロケット開発の過去、現在、未来

宇宙利用には輸送手段であるロケットが欠かせない。ロケットの打ち上げ回数はソ連がスプートニクを打ち上げた1957年は年間わずか2回だったが、その後急激に増加し、2022年には186回と、これまでの最多を記録した。国別では米国が78回、中国が64回で、以下ロシア21回、ニュージーランド9回、フランス6回、インド5回と続く。ニュージーランドの9回は米国のロケットベンチャー「ロケットラボ」の小型ロケット「エレクトロン」によるものである。2022年の打ち上げ失敗は8回で、成功率は95・7%である。

米国の78回のうち61回はスペースXが占める。また中国64回のうち53回が「長征」シリーズである。ロケット打ち上げ市場はスペースXと「長征」シリーズの闘いとなっている。日本はイプシロン6号機の打ち上げ失敗で、2022年の打ち上げ成功はゼロだった。

米国のロケット開発は核ミサイルの転用から始まった。「タイタン」シリーズと「アトラス」シリーズは大陸間弾道ミサイルICBM、「デルタ」シリーズは中距離弾道ミサイルIRBMがベースとなっている。「タイタン」シリーズは2005年の「タイタンⅣ」最終機の打ち上げをもって退役した。「デルタ」シリーズは「デルタⅣ」が2018年に退役、「デルタⅣ

ヘビー」も2024年4月10日、米国の偵察衛星を軌道に投入、最終ミッションを成功裡に終えた。

「アトラス」シリーズでは「アトラスV」が現役で、2023年10月7日、アマゾンの衛星コンステレーション「カイパー」の試験衛星2機の打ち上げに成功した。しかし「アトラスV」の製造販売を行っている「ULA（United Launch Alliance）」は2021年8月に新規販売を終了、2020年代半ばの退役が確定している。「ULA」はボーイングとロッキード・マーチンが共同で設立したロケット企業である。「タイタン」「デルタ」「アトラス」シリーズの大半は軍事衛星の打ち上げに使われた。

「アトラスV」の後継機として期待されているのが、ULAが開発中の「ヴァルカン（Vulcan）」である。全長61・6メートル、直径5・4メートルの二段式大型ロケットで、第一段にはブルーオリジンが開発中の「BE-4」エンジン、第二段には「アトラスV」の上段に使われている「セントールⅢ」を大幅に改良した「セントールV」が採用された。JAXAがまだ宇宙開発事業団（NASDA）と呼ばれていた頃、あるロケットエンジニアは「ロケットの性能は全長と直径でおおよそわかる」と語っていた。「アトラスV」は大型ロケットの白眉である。

米国が「ヴァルカン」の開発を決断した背景には国際情勢の急変がある。主力ロケット「ア

新型ロケット「ヴァルカン」©ULA

トラスＶ」の第一段にはロシア製の「ＲＤ‐１８０」エンジンが使われていた。「ＲＤ‐１８０」はケロシンを燃料とする二段燃焼サイクルの高性能エンジンで、高い効率と信頼性を誇っていた。

しかし２０１４年にロシアがクリミアを占領、米国とロシアの対立が決定的となったことから安全保障上の懸念が生じ、「ＲＤ‐１８０」からの脱却が最大の課題となった。その結果、第一段にブルーオリジンの「ＢＥ‐４」エンジンを使う「ヴァルカン」が急浮上したのである。

「ＢＥ‐４」は燃料に液化天然ガス、酸化剤に液体酸素を使う新型エンジンである。液化天然ガスを選択した理由についてブルーオリジンは、「燃料効率が高く、コストが低く、広く入手できること」に加え、ケロシン燃料と違って「自己再加圧」が可能で、「希少なヘリウムを使うことなく、複雑なシステムを必要としない」点を挙げている。「自己再加圧」は冷却した液体燃料とエンジンの熱を交換してタンクの圧力を上げて燃料をエンジンルームに供給するシステムで、常温で液体のケロシンでは圧力をかけるためにヘリウムが必要なのである。

新しいロケットの開発には困難がつきものである。2023年4月14日、「ヴァルカン」上段の「セントールV」が実験中に爆発し、5月に予定されていた初打ち上げは延期となった。一方「BE-4」エンジンを搭載した第一段の点火試験が6月8日に行われ、無事成功した。

2024年1月8日、新型ロケット「ヴァルカン」は初打ち上げに成功した。「ヴァルカン」は商業利用の拡大を視野に入れており、補助ロケット（SRB）やフェアリングをカスタマイズすることで、多様な衛星の打ち上げが可能となる。

大型ロケットとしては欧州のアリアン・スペース社が「アリアン6型」を開発中だ。「アリアン5型」の後継機で全長63メートル、直径5・4メートル、低軌道打ち上げ能力は最大20・6トンである。2023年11月24日、第一段エンジンの燃焼試験には成功したが、初打ち上げは2024年になる見込みだ。

打ち上げ市場では米国の「ヴァルカン」、スペースXの「ファルコン9」と「ファルコンヘビー」、欧州の「アリアン6」、中国の「長征」シリーズ、そして日本の「H3」が覇を競うことになる。

✝スペースX出現の衝撃

2015年12月22日、スペースXのファルコン9がエンジンを逆噴射させて、地上に垂直着陸する姿をネットで見ていた日本のあるロケットエンジニアは、「体が震えるほどの衝撃を受けた」と語った。使い捨てが当たり前だった打ち上げロケットの再使用が可能となり、宇宙開発の常識を覆すことになったのである。

スペースX（Space Exploration Technologies Corp.）は2002年に今を時めくイーロン・マスクが設立した宇宙ベンチャー企業である。

「朝、目が覚めたとき、未来がすごいことになっていると誰もが思いたいものである。宇宙文明こそすべてである。それは未来を信じること、未来は過去より素晴らしいと考えることである。朝、目が覚めて外に出てみると星々の中にいる……それ以上にエキサイティングなことは思い浮かべることができないほどである」（イーロン・マスク）

スペースXの素晴らしさは常に先を見据えた開発戦略にある。シンプルな構造、高い信頼性、そして低価格を設計思想の柱として、エンジン、ロケット本体、宇宙船、衛星、誘導設備、ソフトウェア、地上支援設備の大半を自社で製造している。スペースXはまずケロシン・液体酸素を推進剤とする「マーリン」エンジンを開発した。「マーリン」は民間企業が開発した初の液体燃料ロケットエンジンである。

「マーリン1A」を積んだ「ファルコン1」ロケットは2006年3月24日から立て続けに3回、打ち上げに失敗した。2008年9月28日、4回目の打ち上げで初めて成功したが、資金は4回目までしか用意されていなかった。もし4回目の打ち上げに失敗していたら今日のスペースXはなかっただろう。事実イーロン・マスクは2017年の国際宇宙会議で、「4回目の打ち上げに投じた資金は私がファルコン1のために持っていた最後の資金でした。幸いなことに4回目の打ち上げはうまくいきましたが、そうでなければスペースXは終わっていたでしょう」と語っている。「ファルコン1」は5回目の打ち上げにも成功し、民間ロケットとして初めて商業衛星の軌道投入に成功した。全長21メートル、直径1・7メートルで、低軌道（LEO）への打ち上げ能力は670キロだった。

スペースXは「ファルコン1」の開発に成功したものの、5回の打ち上げで見切りをつけてしまった。次に予定されていた「ファルコン5」の開発をスキップして、「ファルコン9」の開発に集中したのである。「ファルコン9」は改良型の「マーリン1D」を9基束ねた構成で、中心のエンジン1基を逆噴射させて着陸する再使用ロケットである。

一般にロケットの大型化には既存のエンジンを束ねるか、大型エンジンを新たに開発することが必要となる。スペースXは前者を選んだ。エンジンを束ねると新規開発は回避できるがデメリットもある。まず複数のエンジンを同期させる技術が必要である。エンジンが1基停止した場合は、対角線上にあるエンジンを停止してバランスを取らなければならない。スペースXはそれをソフトウェアで解決した。「ファルコン9」はエンジンが2基停止しても、衛星を軌道に投入する能力を持つ。

またロケットはペイロードを増やすために構造体をぎりぎりまで軽量化する。燃料も最後の1滴まで無駄にしない。エンジンを束ねると構造体の重量がかさむことから、同じ重量のペイロードを打ち上げるには燃料の積載量を増やさなければならない。さらにエンジンを逆噴射させて着陸させるには余分な燃料が必要となるほか、姿勢を制御するグリッドフィンや着陸時に衝撃を吸収する着陸脚が必要となり、重量が増える。

スペースXはエンジンの性能向上、燃料タンクの改良、さらに空気抵抗を最小限に抑える斬新かつシンプルなデザインで困難を克服した。「ファルコン9」は全長70メートル、直径3・

再使用ロケット「ファルコン９」©NASA

7メートルで、LEOへの打ち上げ能力は22・8トンである。「アトラスV」に比べるとはるかに長身かつ細身である。2024年3月22日現在、打ち上げ回数は311回で、着陸成功は269回、再使用ロケットでの打ち上げ回数は242回である。打ち上げコストは他のロケットの3分の2程度まで低減したといわれる。

中国も「長征8型」と「長征9型」でロケットの再使用を目指すが、依然、開発途上にある。また中国の宇宙ベンチャー「星際栄耀（iSpace）」は2023年11月2日、試験用ロケット「双曲線2型」が垂直着陸に成功したと発表した。公開された映像には垂直に打ち上げられた「双曲線2型」が高度178メートルに到達し、その後、ゆっくりと着陸する姿がとらえられていた。12月10

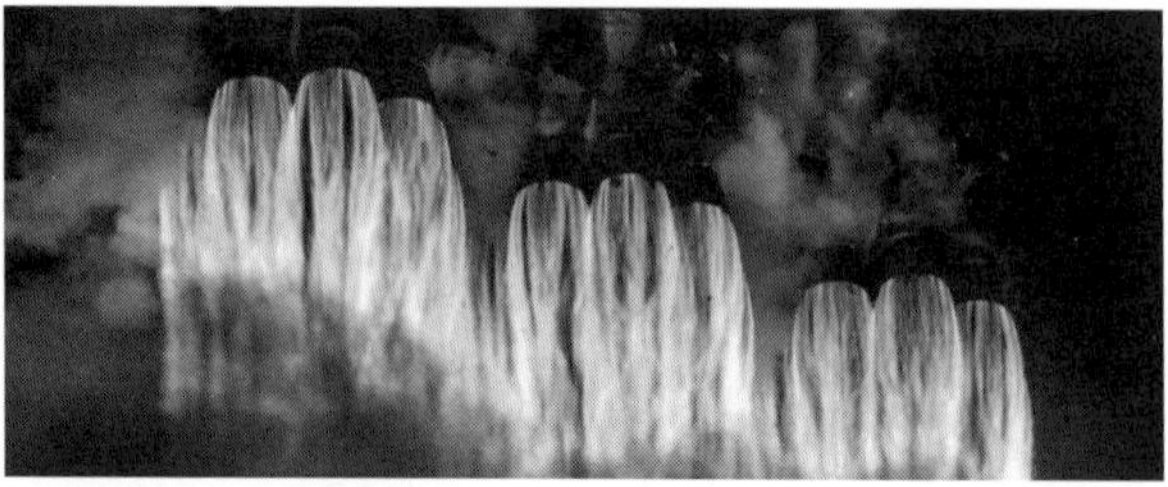

ファルコンヘビーのエンジン点火 ©spacex

日には同じ「双曲線2型」を使った再飛行に成功した。飛行高度は343メートル、飛行時間は63秒で、中国初のロケット再使用となった。「iSpace」は2026年に完全再使用可能な「双曲線3型」ロケットの実証実験を予定している。ほかにも「朱雀3型」「天竜3型」などが再使用ロケットを目指す。

スペースXは大型化をさらに進めた。「ファルコンヘビー」は「ファルコン9」の一段目をブースターとして3本束ねる構成となり、搭載する「マーリン」エンジンの数は27基に増大した。2019年4月11日の2回目の打ち上げでセンターブースターはドローン船に着艦、2本のサイドブースターは見事に地上に着陸した。2024年3月22日現在9回の打ち上げが行われ、再使用の回数は14回となった。「ファルコンヘビー」は2024年3月現在、利用可能な世界最大のロケットである。

✝究極の宇宙輸送手段「スターシップ」

スターシップ／スーパーヘビー©spacex

スペースXが現在開発している究極のロケット／宇宙船が「スターシップ」である。その名の通り、星間を移動する「船」のイメージである。「スターシップ」は第一段の「スーパーヘビー」と第二段の「スターシップ」が合体した完全再使用型の宇宙輸送手段である。全長120メートル、直径9メートルで、LEO打ち上げ能力は250トンという巨大ロケットである。

第一段となる「スーパーヘビー」には33基の「ラプターエンジン」が搭載される。「ラプターエンジン」はスペースXが新たに開発した液化メタン・液体酸素を推進剤とするロケットエンジンで、「マーリン」の2倍の推力を持ち、安全性が高く、安価である。中心部分に着陸用の3基、それを取り囲むように10基、さらにその外側に20基が配置される。

第二段の宇宙船「スターシップ」には6基の「ラプタ

ーエンジン」が搭載される。アルテミス計画で月着陸船として採用されたほか、将来は火星を含めた惑星間の移動に使われる。人間が搭乗するには安全性が第一である。「スターシップ」は、6基の「ラプターエンジン」のうち1基が故障を免れれば地球への帰還が可能な設計となっており、安全性は「航空機並み」を目指している。

スターシップには複数のバージョンがある。火星を含めた惑星間移動には「スターシップ」に燃料を補給する「タンカー」が伴走する。「タンカー」バージョンの「スターシップ」はのっぺりとしたデザインの機体である。

衛星打ち上げバージョンでは胴体部分が巨大なペイロード・ベイとなる。大量の衛星を複数の軌道に投入することが可能で、打ち上げ費用は現在の約100分の1に低減されるという。さらに地球上での人員及び物資の遠隔地輸送にも使われる。弾道飛行で物資や人員を運ぶことができれば、日本と米国を約30分で結ぶことも不可能ではない。「スターシップ」は現時点で構想しうる究極の宇宙輸送手段で、民間企業がこうした壮大な計画にチャレンジできるところが米国の強みなのである。

第一章で述べたとおり、2023年4月20日、「スターシップ」と「スーパーヘビー」を組み合わせた初めての無人飛行試験が行われた。発射台から飛び立った「スターシップ／スーパーヘビー」は高度39キロに達したが、コントロールを失って自動飛行停止システムが働き、機体は空中で分解して飛行を終えた。11月18日に行われた2回目のテスト飛行では第一段の「スーパーヘビー」と「スターシップ」の分離には成功したが、高度148キロで通信機能を失い、自動飛行停止システムが作動して機体は失われた。

しかし2回目では重要な進歩があった。第一段と「スターシップ」の分離システムに、「ホットステージ分離」という全く新しい分離方式を採用して見事成功したのである。「ホットステージ分離」は第一段と第二段が切り離される直前に、第二段のエンジンに点火する方式で、初の試験で成功した意義は大きい。

2024年3月14日の3回目の打ち上げでは、第一段と第二段の分離に成功、スターシップは高度234キロに達した。エンジン再点火はスキップされ、大気圏に突入した。第一段の着水には失敗したが、最大の顧客であるNASAのビル・ネルソン長官は「飛行試験は成功を収めた」と評価した。

スペースXの開発手法はとにかく作って試すことから始まる。機体が不具合で破壊されても迅速に設計変更し、短期間で次号機を製造して、また試すというエンジニアリング手法なのである。その意味でスペースXに「失敗」という文字はない。

スペースXの技術力の高さは有人宇宙船「クルードラゴン」の開発でも発揮された。NASAの商業軌道サービス（COTS）で開発された無人補給船「ドラゴン」は2010年12月8日にファルコン9で打ち上げられ、地球を2周して無事帰還した。民間の宇宙船が大気圏に再突入して地球に帰還したのは初めてのことである。2012年5月25日には民間宇宙船として初めてISSとのドッキングに成功、10月10日にはISSへの物資補給にも成功した。

スペースシャトルの退役後、米国はISSへの人員と物資の輸送をロシアの「ソユーズ」と「プログレス」に頼っており、独自の有人宇宙船開発は悲願だった。2014年9月16日、NASAは「商業クルー輸送開発計画（CCDev）」への参加企業としてスペースXとボーイングを選定、スペースXに26億ドル、ボーイングに42億ドルの資金を与えた。

有人の「クルードラゴン」は無人補給船「ドラゴン」をベースに開発された。全長8・1メートル、直径4・0メートルで最大7人の宇宙飛行士が搭乗できる。ISSとの完全自動ドッキングが可能で、地球再突入後はパラシュートで海上に着水する。

2020年5月30日、スペースシャトルでのフライト経験があるNASAの宇宙飛行士ボブ・ベンケンとダグ・ハーレーを乗せた「クルードラゴン」が無事ISSに到着した。開口一番、2人は「スペースシャトルより乗り心地が良かった」と感想を語った。日本人宇宙飛行士

ISS とドッキングするクルードラゴン ©SpaceX

として初めて「クルードラゴン」に搭乗した野口聡一も2020年11月24日に行われたISSからの宇宙記者会見で、乗り心地について「きびきびしており、ぐいぐいと宇宙に行く感じがした」と語った。「乗り心地」という言葉がスペースXの技術力の高さを象徴していた。「ドラゴン」と「クルードラゴン」の飛行回数は2024年3月22日現在46回で、ISSへの到達は41回、うち再使用は25回である。「クルードラゴン」は10回の再使用が可能と言われる。

一方、NASAから42億ドルの資金を提供されたボーイングの新型宇宙船「スターライナー」は開発が遅れており、有人試験飛行はようやく2024年5月に行われる見通しとなった。すでに無人での飛行には成功しているが、パラシュートの強度などに不備が見つかり、遅延に遅延を重ねる結果となっている。スペースXの26億ドルをはるかに超える資金を獲得した老舗の航空宇宙企業がベンチャー企業に大きく後れを取る形となったのである。

†通信に革命をもたらす「衛星コンステレーション」

スペースXは通信分野でも革命を起こしつつある。全地球規模の国際通信では海底ケーブルが95%を担っているが、近い将来、衛星コンステレーションが重要な役割を果たすことは間違いない。スペースXの衛星コンステレーションは「スターリンク」である。まるで星座が地球を包み込むように1万2000機もの小型衛星を低軌道（LEO）に打ち上げ、遅延のない高品質な通信ネットワークを構築する計画である。2024年3月19日現在、打ち上げられた小型衛星の総数は6033基に達しており、2020年には北米と欧州、2022年には日本でもサービスが開始された。2023年末現在約70の国と地域でサービスを行っている。

「スターリンク」の開発は2014年に始まった。2018年2月にはプロトタイプの打ち上げに成功、現在はほぼ毎週のように数十機のスターリンク衛星が打ち上げられている。2019年10月には衛星の数をさらに増やして、4万2000機とする申請を、米国連邦通信委員会

（FCC）を通して国際電気通信連合（ITU）に行った。

衛星本体の詳細は明らかになっていないが、大量の小型衛星が高度と軌道傾斜角の異なる「シェル1」から「シェル8」までの8つの軌道に投入される。地上から見ると、常に約200機が視野に入る計算だという。通信にはKuバンド（12―18ギガヘルツ）とKaバンド（27―40ギガヘルツ）という比較的高い周波数帯域が使われる。一般に周波数の高いKaバンドは大容量の伝送が可能となるが、降雨減衰を受けやすい。これを回避するためKuバンドと組み合わせているものと見られる。Kuバンドは日本の放送衛星でも使われている。また将来はより周波数の高いVバンド（40―75ギガヘルツ）を使用するとの報道もある。

ユーザーはアンテナ（30×50センチ）とルーターを設置しさえすれば、砂漠であれ、山の中であれ、海上であれ、空を見上げることができる場所であれば、どこでもインターネットが利用できる。世界人口約80億人のうち、まだ30億人はネットの恩恵を受けていないといわれ、「スターリンク」は名実ともに国境を越えた世界をつなぐモバイル通信ネットワークとなるだろう。

2024年1月2日、スペースXは再使用ロケット「ファルコン9」で21基のスターリンク衛星を打ち上げた。このうち6基は「Direct to Cell」の試験衛星である。「Direct to Cell」

は衛星とスマートフォンを直接つなぐことを可能にする画期的な技術である。米連邦通信委員会（FCC）は2023年12月14日、840基の衛星を使い、全米20か所で2000台の通常のスマホを使って、通信を行う実験を認可した。アンテナやルーターの購入が必要なく、通常のスマートフォンで世界中どこでも通信ができるとなると、モバイル通信事業者の存在意義が問われることになるだろう。

日本でも携帯基地局とコアネットワークをつなぐバックホール回線として使われるほか、個人での利用も可能である。実は日本のモバイル通信ネットワークの人口カバー率は99・97％と極めて高いが、面積カバー率は60％以下にとどまっている。また島国である日本と海外の通信は99％が海底ケーブル経由である。「スターリンク」は離島や日本の排他的経済水域を含めて、すべてをカバーすることが可能である。KDDI、ソフトバンク、NTTドコモ、スカパーJSATなどが再販事業者として認定されている。2024年1月1日に発生した能登半島地震では、KDDIがスターリンクを現地に提供、災害時にも威力を発揮することが証明された。

通信は安全保障上も極めて重要である。ロシアとの戦争が続くウクライナでは、スターリンクが戦況を左右する事態となった。ウクライナ側はロシアによる侵攻前からスペースXに対してスターリンクのサービス提供を求めていた。ウクライナの通信インフラに対するロシアのサイバー攻撃が激化していたからである。スペースXはウクライナに対して受信キットを提供、その数は2023年末には2万5000台に達した。スターリンクは戦況や被害状況、安全確認など、SNSでの市民の情報共有に使われているほか、ドローンでの偵察や攻撃などに使われているのである。

ウクライナ側はさらにスペースXに対して、ロシアが事実上支配するクリミア半島までサービスエリアを広げるよう要請した。しかしイーロン・マスクCEOはこれを拒否した。その理由について伝記『イーロン・マスク』の著者ウォルター・アイザックソンは、「もし要請に応じていれば、重大な戦争行為と紛争の拡大に加担することになっていただろう」とイーロン・マスクが語ったと伝えている。とりわけウクライナがロシア黒海艦隊の拠点であるセバストポリを攻撃した場合、「ロシアの核使用に口実を与えることになる」と懸念したと言う。

スペースXは2023年10月13日に始まったイスラエルとハマスの衝突が続くパレスチナ自治区ガザでもサービスの提供を始めた。イーロン・マスクは10月28日、「国際的に認められている人道支援団体に対してインターネットの接続を提供する」とSNSで明らかにした。現代社会で通信インフラは文字通り「生命線」なのである。

衛星コンステレーションの構築を進めるのはスペースXだけではない。「スターリンク」を追うように、米Ａｍａｚｏｎは初期の衛星３２３６機による「プロジェクト・カイパー」をスタートさせた。２０２３年10月6日、試験衛星2機が「アトラスV」ロケットで打ち上げられた。「プロジェクト・カイパー」は２０２４年末からサービスを開始する。

　またソフトバンクが出資する英国の「Ｏｎｅ Ｗｅｂ」は当初約６５０機の衛星によるコンステレーションを目指していたが、２０２０年5月27日には最大4万８０００機まで増やす許可をＦＣＣに申請した。

　さらに世界最大の衛星通信事業者でルクセンブルクを本拠地とする「ＳＥＳ」が買収した「Ｏ３ｂネットワークス」は高度約８０００キロの中軌道（ＭＥＯ）で、バックホール回線用の衛星コンステレーションをすでに運用している。「Ｏ３ｂ」とは「Other 3 Billion（残りの30億人）」の意である。

　中国も黙ってはいない。中国航天科技集団（ＣＡＳＣ）は２０２３年3月、「長征5型Ｂ」と「元正2型」の上段を組み合わせたロケットで、「国家グリッド（国網）衛星」の打ち上げを近く行うと発表した。「国網（China State Grid Constellation）」は中国版衛星コンステレーション（星網）で、約1万３０００機の衛星をスターリンク衛星より高い軌道で運用し、通信、ナビゲーション、リモートセンシングなどに使う計画である。現在、ロケットと衛星の製造ラインの建設を進めており、今後、年間100機以上のロケットで200機以上の「国家グリッド衛星」を打ち上げるという。

中国が警戒するのはスターリンクの軍事利用である。いずれ米国はスターリンク衛星にネットワークカメラを搭載し、「すべての軍事作戦が米国の監視から逃れられなくなる」と中国のネットメディアは警戒感をあらわにしている。またスターリンク衛星が他の衛星が使用する周波数や軌道に対して複数の角度から干渉し、ミサイルの航法システムをかく乱して制御不能にすることができると主張する。さらに2021年7月1日と10月21日にスターリンク衛星が中国の宇宙ステーション「天宮」に接近し、「天宮」が緊急回避を余儀なくされたことから、「スターリンク衛星自体が強力な兵器である」と論じている。

地球低軌道に投入できる衛星の数は5万―10万機と推定されている。衛星軌道の資源には限界があり、静止軌道に続いて低軌道（LEO）でも激しい争奪戦が繰り広げられている。また使用する周波数帯も限られている。中国人民政治協商会議の曲偉委員は2023年7月27日、「米国はすでに低軌道宇宙資源とチャンネル資源を占有しており、何万ものスターリンク衛星は軍事通信、早期警戒、迎撃、攻撃などで米軍の絶対的優位を確立することになる」と強い警戒心を表明した。

衛星コンステレーションの成否は低軌道と周波数の確保、そして数兆円規模という資金力にかかっている。

†ユニークなアイデアで躍動する「ニュースペース」

米国ではスペースXに追いつけ追い越せとばかりに、6000を超える宇宙ベンチャーがしのぎを削っている。Amazonの創始者ジェフ・ベゾスが率いるブルーオリジン（Blue Origin）は2000年9月の創立で、スペースXの後ろにぴたりと付けている。ブルーオリジンが開発する「ニューシェパード」はサブオービタル（弾道飛行型）宇宙システムで、単段式の垂直離着陸機である。垂直に打ち上げられた後、機体とカプセルが分離し、クルーを乗せたカプセルが約5分間、放物線を描いて無重力状態で飛行する。機体は垂直に着陸し、カプセルはパラシュートで回収される。全長18メートル、直径3・7メートルで、エンジンはブルーオリジンが開発した液体酸素と液体水素を推進剤とする「BE-3」である。

2015年11月23日、無人の2号機が宇宙の境界「カルマン・ライン」を超え、高度100・5キロに到達、機体も垂直着陸を果たした。2021年7月20日にはジェフ・ベゾス本人

ブルーオリジン「ニューシェパード」©Blue Origin

が搭乗した有人飛行にも成功した。帰還後ジェフ・ベゾスは「これまでで最良の日だ」と語った。「ニューシェパード」の名称は米国初の宇宙飛行士、アラン・シェパードに由来する。

「ニューシェパード」は22回の打ち上げミッションに成功したが、23回目となる2022年9月12日、貨物輸送用無人ロケットを打ち上げた際にはエンジンが炎上して墜落した。機体は失われたが、貨物部分は切り離され、パラシュートで無事着陸した。米連邦航空局（FAA）は、原因が究明されるまで運航を許可しない方針を明らかにしたが、ペイロードが回収された意義は大きい。というのも、通常ペイロードの衛星はロケットよりもはるかに高価だからである。ロケットとともに宇宙の藻屑と消えていたペイロードが救われるとなれば、衛星などにかけられていた保険の料率が下がり、打ち上げコストのさらなる低減につながると期待される。

ブルーオリジンはまた「サターンV」に匹敵する超大型ロケット「ニューグレン」を開発中だ。「ニューグレン」は直径7メートル、二段式だと全長82メートル、三段式だと95メートルの巨大ロケットである。第一段にはブルーオリジンが「ヴァルカン」に提供した液体メタンエンジン「BE-4」を7基搭載する。低軌道投入能力は45トンである。最低25回の再使用が可能で、「数百万人を宇宙に送り出すことを目標にする」という。初打ち上げは2024年後半と見られている。

2018年3月13日、日本のスカパーJSATがブルーオリジンと「ニューグレン」の利用に関する覚書を締結して注目された。スカパーJSATはスペースXの実力を世界で初めて正当に評価した企業としても知られる。「ニューグレン」の名称は米国の宇宙飛行士として初めて地球を周回したジョン・グレンに由来する。ブルーオリジンはさらに巨大なロケット「ニューアームストロング」を計画中と伝えられるが、詳細は不明である。

ブルーオリジンはさらに有人月着陸船「ブルームーン」を開発中である。すでに「アルテミスV」で宇宙飛行士を月に運ぶことが決まっている。「ブルームーン」は全長16メートルの宇宙船で、巨大ロケット「ニューグレン」で打ち上げられ、6・5トンのペイロードを月面に届ける能力を持つ。開発にはロッキード・マーチンやボーイングも加わっている。「アルテミスV」は2029年から2030年頃に実施される。近い将来、スペースXの「スターシップ」とブルーオリジンの「ブルームーン」が月と地球の間を往復することになる。

「大きいことはいいことだ」とばかり言えないのがロケットである。最近はむしろ小さな衛星を頻繁に打ち上げるニーズがあり、安価な小型ロケットの開発に注目が集まっている。先駆者は米国に本社、ニュージーランドに射場を置く宇宙ベンチャー「ロケットラボ」である。人工衛星打ち上げ用の小型ロケット「エレクトロン」は、全長18メートル、直径1・2メートルの二段式液体燃料ロケットで、2017年5月の初打ち上げ以来、2023年11月8日までに40回打ち上げて、36回成功している。打ち上げ費用は約750万ドル、日本円で11億円強である。

最近注目されているのがロケット全体の再使用を目指す宇宙ベンチャー「ストーク・スペース(Stoke Space)」である。「ファルコン9」では第一段と衛星を収納するフェアリングは回収されて再使用されるが、第二段は使い捨てである。「ストーク・スペース」が開発する完全再使用ロケット「ノヴァ(Nova)」は第一段に液化天然ガスと液体酸素を推進剤とするエンジン7基を搭載し、第二段には液体水素、液体酸素のエンジンを使用する。2023年9月には二段目の試験が行われ、地上から9メートルまで上昇した後、着陸することに成功した。ほかにも3Dプリンティング技術を使ってロケットの開発を進める「リラティビティ・スペース（Relativity Space）」などがある。

一方ロケット開発競争は資金調達や技術開発の競争が激しく、撤退する企業も出始めている。全長12メートルでプロピレンを燃料とした「ヴェクターR」ロケットの開発で期待された「ヴェクター・ローンチ（Vector Launch Inc.）」やリチャード・ブランソンが率いるヴァージン・グループ傘下の「ヴァージン・オービット（Virgin Orbit）」は破産の憂き目に遭っている。「ヴァージン・オービット」はボーイング747を改造した母機から「ローンチャーワン（Launcher One）」ロケットを空中発射するユニークな方式を採用し、射場の要らない打ち上げ方式として注目されていた。

†目前に迫った商用宇宙旅行と宇宙ホテル

輸送手段の低廉化と安全性の向上で、商業宇宙旅行も実現に一歩近づいた。ブルーオリジンとヴァージン・ギャラクティクは2021年7月、宇宙旅行一番乗りを目指してデッドヒートを繰り広げた。7月11日、ヴァージン・ギャラクティク創設者のリチャード・ブランソン自身が乗った宇宙船「VSS Unity」が高度80キロの宇宙境界に達して一番乗りを果たすと、10日後の7月20日にはブルーオリジンのジェフ・ベゾスが搭乗した「ニューシェパード」も宇宙空間に到達した。

ヴァージン・ギャラクティクの打ち上げ方式は空中発射母機となるスペースプレーン「ホワイトナイトツー」が宇宙船「VSS Unity」を抱きかかえるようにして高度1・35キロまで上昇、その後、分離された「VSS Unity」がロケットエンジンを噴射して高度80キロに到達する。「VSS Unity」は飛行機のように滑走して着陸する。

2023年6月30日には商用宇宙旅行を開始、旅行費用は約4分間の無重力宇宙空間体験を含め、約2時間の飛行で45万ドルである。すでに世界中の約600人から旅行予約があると伝えられる。

2023年11月8日、ヴァージン・ギャラクティクは突然、「VSS Unity」によるサービスを2024年で打ち切ると発表した。理由は次世代機「Delta Class」に開発資源を集中するためだという。現在の成功に満足せず、さっさと次のステージへのチャレンジを開始するのがニュースペースのスタイルである。

一方「ニューシェパード」での宇宙飛行はロケットエンジンでカプセルを打ち上げ、地上1

完成したドリーム・チェイサー ©Sierra Space

00キロの宇宙空間で分離、ロケットは地上に着陸し、カプセルは自由落下の後、パラシュートで地上に帰還する。約15分の宇宙旅行は20万ドルである。ジェフ・ベゾスが搭乗したフライトの席をオークションに出したところ、2800万ドル（当時約38億円）で落札されたことから話題を呼んだ。

スペースXは「クルードラゴン」で民間人をISSに送ったほか、米国の「スペース・アドベンチャーズ」はロシアの「ソユーズ」を使って民間人の輸送を行っている。日本の実業家で「ZOZOTOWN」創設者の前澤友作が2021年12月8日、「スペースアドベンチャー」のアレンジで、日本の民間人として初めてISSを訪問した。前澤は「スターシップ」での月周回飛行も計画している。

「商用」ではないが、「シエラ・スペース（Sierra Space）」が開発していた宇宙往還機「ドリーム・チェイサー（Dream Chaser）」も2023年11月に完成した。初号機は「Tenacity（不屈の精神）」と名付けられた。「ドリーム・チェイサー」はスペースXの「クルードラゴン」、ボーイングの「スターライナー」とともにISSへの人員と物資の輸送用宇宙船として計画されたが、NASAの資金的支援が得られなかったことから開発は困難を極めた。全長9メートル、全幅7メートルの有翼地球往還機で、ISSへの人員や物資の輸送が想定されている。2022年にはシエラ・スペース社と大分県などの間で、「ドリーム・チェイサー」のアジアのハブとして大分空港を利用するための覚書が交わされた。

中国も商用宇宙旅行に無関心ではない。2016年9月、ロケット開発を一手に担う中国運載火箭技術研究院（CALT）は20人乗りの商用宇宙船を開発すると発表した。CALTの構想では副翼12メートル、最大重量は100トンで、メタンを推進剤とするエンジンを搭載する。発射台から打ち上げられると最大速度マッハ6で高度100キロに達し、約2分間の無重力飛行を体験した後、滑空して地球に戻る。

また中国長征ロケット公司の韓慶平総裁は10月、中国の宇宙旅行計画は三段階で進めると明

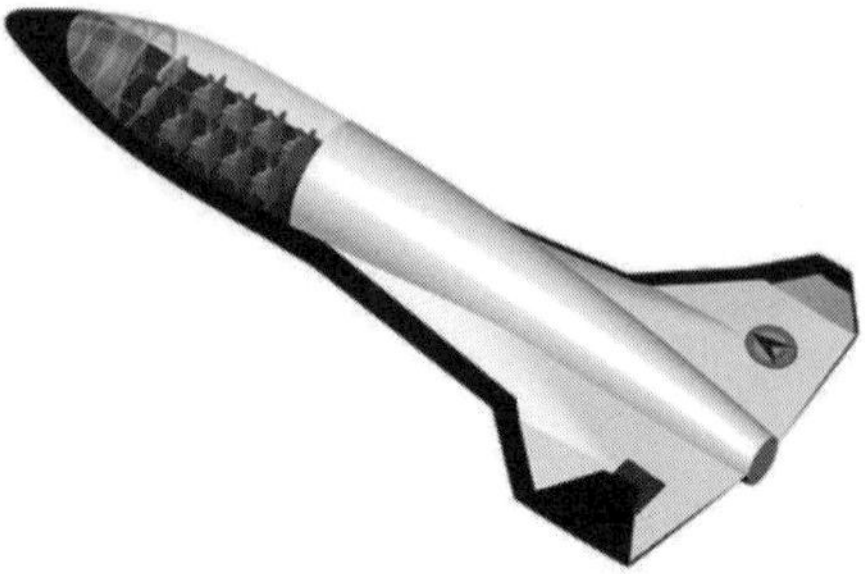

中国の商用宇宙船 ©CALT

らかにした。それによると2024年までに10トンクラスのサブオービタル宇宙船を開発し、高度60―80キロの有人飛行を実現する。また2029年までには高度120―140キロ、2035年までには最大定員20人で長時間飛行できる商用宇宙船を開発し、大陸間高速直行便や長期の宇宙旅行を実現するという。韓総裁は「宇宙ハイヤー、宇宙バス、宇宙タクシー」の3つの「配車サービス」を展開すると語った。

人が頻繁に宇宙に行くようになると必要なのが滞在用のホテルである。米「オービタル・アセンブリー（Orbital Assembly Corporation）」は宇宙ホテル「ボイジャー・ステーション」と「パイオニア・ステーション」の建設を計画している。「ボイジャー・ステーション」は直径約200メートルで、車輪のような形をしている。「重力リング（Gravity Ring）」と呼ばれ、低速で回転させることによって人工的に地上と同じような重力を発生させる。車輪のスポークにあたる部分は中央の指令

ボイジャー・ステーション ©Orbital Assembly

室と居住モジュールをつなぐエレベーターである。収容人数は当初計画の280人から400人に拡大され、客室に加えてレストラン、バー、スパなどが備えられる。2027年の開業を目指す。

一方「パイオニア・ステーション」は小型の宇宙ホテルで収容人数は28名、5つの居住区画から成る。微小重力から0・57Gまで重力を調整することができ、宇宙実験などに適している。2025年の開業を目指す。

宇宙ホテルの構想は米国だけではない。日本でも鹿島建設や清水建設が研究を進めている。実際の建設時期や建設コストは未定だが、輸送手段のさらなる低廉化が進めば、「夢」の実現する日はそう遠くないかもしれない。

†地球観測データが生み出す新ビジネス

地球観測衛星が取得したデータの利用も進む。衛星データビジネスの先頭を走るのが「プラネットラボ（Planet Labs）」である。２０１０年に設立された「プラネット」は「Ｄｏｖｅ（鳩）」と呼ばれる縦横10センチ、長さ30センチ、質量わずか４－５キロの小型衛星でコンステレーションを構築し、地球規模の日々の変化を可視化することで行政、産業、防災、報道などに生かす事業を展開している。２０２３年10月13日に勃発したイスラエルとハマスの紛争では、ガザに侵攻するイスラエルの戦車の様子をとらえて話題となった。

「プラネット」は２０１５年に大規模な資金調達に成功すると、同業の「ブラックブリッジ（BlackBridge）」を買収し、衛星コンステレーション「RapidEye」を傘下に収めた。「Rapid Eye」は急速眼球運動の意である。また２０１７年にはＧｏｏｇｌｅから「テラ・ベラ（Terra Bella）」を買収、「SkySat」と呼ばれる衛星群を手に入れた。

２０２３年11月現在、約２００機の衛星から成る解像度３・７メートルの「PlanetScope」、21機から成る解像度50センチの「SkySat」、32機からなる解像度30センチの「Pelican」などのサービスを提供している。また２０２３年にはＮＡＳＡが開発したハイパースペクトルセンサーを搭載した「Tanager（フウキンチョウ）」と呼ばれる衛星群の構築に着手した。「Tanager」は高解像度でしかも広い波長の光を観測することができ、大気中のメタンガスや二酸化炭素の排出源をピンポイントで正確に特定することができる。

衛星画像の利用範囲は極めて広い。作物などの生育状況や災害などの監視、さらには物資の移動や犯罪組織の監視などにも使われる。日本でも防衛省を始め、政府機関や企業が「プラネット」のユーザーとなっている。

衛星画像と携帯電話の位置情報などを組み合わせた地理空間の分析を専門とするのが2013年設立の「オービタル・インサイト」である。「データで意思決定をサポートする」というコンセプトを掲げ、「オービタル・インサイトGO」というサービスを提供する。

注目を集めたのは石油の需給予測である。石油備蓄タンクの上部には浮き蓋がついており、貯蔵される石油の量によって上下する。「オービタル・インサイト」は三次元画像から蓋にできる影を分析し、タンクに貯蔵されている石油の量を予測する手法を開発した。「Global Geospatial Crude Index」と呼ばれるこのサービスは、世界2万5000基のタンクに貯蔵される数百万バレルの石油備蓄を日々監視している。

またスーパーマーケットの駐車場に停められた車の画像から、店の売り上げを予測するソリューションを提供して話題となった。衛星データと地理空間情報を合わせたＡＩ分析に特化しているところが強みで、安全保障・情報収集、サプライチェーン分析、エネルギー、金融サービスなどの分野でソリューションを提供している。

「スパイア・グローバル」は船舶などの海事データ、航空機のフライトデータ追跡、気象パターンの分析を専門とする宇宙ベンチャーである。２０１２年の設立で、現在１００機以上の小型地球観測衛星を運用する。「陸と海と空の声を聞き、グローバルな商取引を加速し、気候変動に対して、行政や企業がより賢明かつ迅速に意思決定できるようにする」というのが企業理念である。

船舶や航空機は気象の影響を大きく受ける。「スパイア・グローバル」のソリューションは船舶・航空機の位置情報と極めて詳細な気象データを組み合わせて、エネルギー消費を最小化するルート情報などを提供する。「キツネザル（Lemur）」と名付けられた衛星はすべて自社開発である。

「スパイア・グローバル」を含めて、衛星データの分析を専門とする宇宙ベンチャーは「データの民主化（Data Democratization）」を理想として掲げている。これまで衛星データは一部の専門化やアナリストだけに提供されてきた。これからはすべての人々がアクセスできるようにというのが彼らの基本的な考え方である。

ほかにも衛星と高周波通信データから違法漁船などを監視する米国の「HawkEye360」、地質データを生かした鉱物探査を得意とする「デカルト・ラボ（Descartes Lab.）」、泥炭地管理を通じた気候変動対策のモデルを提供するドイツの「リモート・センシング・ソリューション」、天然資源の情報提供プラットフォームを目指す英国の「グローバル・サーフェス・インテリジェンス」など多士済々である。

収集された大量の衛星データは宝の山である。まだまだ未発見の情報が埋もれていることは間違いない。衛星データサービス市場は2020年の60・7億ドルから2030年には458億ドルに達するとの予測もある。衛星データ市場は新たな発見やビジネスが生まれるチャンスが極めて高い領域なのである。

†金、プラチナ、ニッケル、動き出した「宇宙資源開発」

「宇宙地政学」の視点から最も注目されるのが「宇宙資源」の開発である。まるで夢のような話だが、太陽系の小惑星の中には金、プラチナ、レアメタルを高い濃度で含んだ星があり、これらの惑星探査に向けて、「宇宙のゴールドラッシュ」とも呼べる競争がすでに始まっている。

小惑星の直接探査を切り開いたのは日本の「はやぶさ」と「はやぶさ2」である。2003年5月9日に打ち上げられた探査機「はやぶさ」は地球近傍小惑星「イトカワ」のサンプルを携えて2010年6月13日に地球に帰還した。また「はやぶさ2」は2020年12月6日、地球近傍小惑星「リュウグウ」のサンプル5・4グラムを採取して地球に帰還した。「リュウグウ」のサンプルは「これまで人類が入手した太陽系の最も始原的な試料」と言われ、太陽系の成り立ちや地球に生命が生まれたプロセスの解明に向けて分析が続けられている。

これを追うようにNASAは2016年9月8日、探査機「オシリス・レックス」を打ち上げた。「オシリス・レックス」は地球近傍小惑星「ベンヌ」の表面から約250グラムの試料を採取、2023年9月24日、地球に帰還した。

太陽系の火星と木星の間には小惑星300万個が分布する小惑星帯がある。そのうち軌道が知られているものは約80万個ある。こうした惑星の中には金、プラチナ、ニッケル、鉄などを多く含むものがある。そのひとつ「プシケ」は最大幅280キロの巨大な小惑星で、鉄やニッケルなどの金属でできており、内部には金も含まれていると考えられている。米メディアによると含まれている金属の金銭的価値は1000京ドルにのぼるという。また100兆ドルを超える小惑星の数はすでに700個を超えるとの試算もある。

2023年10月13日、NASAは「プシケ」に向かう探査機「サイキ」を打ち上げた。2029年には「プシケ」に到達する。NASAのビル・ネルソン長官は冗談交じりに「ダイヤやルビーも見つかるかもしれない」と語った。金属を主な組成とする「M型小惑星」の探査は初めてとなる。

ちなみに「イトカワ」は鉄やマグネシウムのケイ酸塩を主な組成とする「S型小惑星」、「リュウグウ」は炭素系物質を主成分とする「C型小惑星」である。

民間宇宙資源開発の先陣を切ったのは米国の宇宙ベンチャー「プラネタリー・リソーシズ(Planetary Resources)」と「ディープ・スペース・インダストリーズ(Deep Space Industries)」(DSI)である。「プラネタリー・リソーシズ」は「地球天然資源の拡張」を目標に、2010年に設立された。資源探査用の宇宙望遠鏡の開発や実験機の打ち上げを行ったが資金難に陥り、2018年にはブロックチェーンのベンチャー企業「コンセンシス」に買収されて消滅した。

一方のDSIは宇宙資源探査と民間深宇宙探査を目標に掲げて、2013年に設立された。独自の推進システムや探査機の開発を手掛けたが、2019年には活動を停止した。宇宙資源探査は果たしてコストに見合うのか、様々な議論を呼んだ。どれほど大量の希少金属を発見したとしても、地球で利用可能にするまでのハードルは高い。

地球に存在する鉱物は約5000種と言われ、太陽系の天体の中でも格段に種類が多い。地球表面の「地殻」は酸素、ケイ素、アルミニウム、鉄、カルシウム、ナトリウム、カリウム、マグネシウムで99%が占められている。地球の直径は約1万2740キロで中心部には直径7000キロもの酸化されていない融けた鉄が存在するが、現在の技術では掘り出すことができない。人類が掘削した地殻の最深部は旧ソ連がコラ半島で実施した深度12キロで、マントルにも届かない。コストの面では地球中心部から金属を掘り起こすより、宇宙から獲得した方が安価と見られているのである。

NASAが2012年に発表した小惑星再配置計画(Asteroid Redirect Mission)は500トンの小惑星を電気エンジンで移動させ、月近傍の軌道に投入するという野心的なプロジェクトだった。計画はその後、小惑星から直径4メートルほどの鉱物を採取して、月の軌道に投入する計画に変更されたが、月軌道への投入コストは1キロあたり約60万円と試算された。残念ながら2017年に予算が打ち切られたが、小惑星資源の獲得について米投資銀行ゴールドマン・サックスのレポートは「小惑星採掘に対する心理的障壁は高いが、金銭的、技術的障壁ははるかに低い」と評価している。

宇宙輸送手段の低廉化により、民間による宇宙資源探査が再び見直されている。2022年設立の米「アストロフォージ（AstoForge）」は2023年1月24日、深宇宙に存在する価値ある小惑星の探査と宇宙での精錬実験を目的に、2回の衛星打ち上げを計画していると発表した。宇宙ベンチャー「オーブ・アストロ（OrbAstro）」と共同で小惑星探査機「Brokkr-2」を開発中だ。打ち上げはファルコン9を使って相乗りで行われ、すでに資金調達を終えたと伝えられる。

また2016年に英国で設立された「アステロイド・マイニング（Asteroid Mining Corps.）」は地球近傍小惑星や火星・木星間の小惑星帯から約20トンの白金を地球に持ち込む計画だ。2023年10月14日には東北大学宇宙ロボット研究室（Space Robotics Lab）と共同開発した6本足の採掘ロボット「SCAR-E」を公開した。2026年頃にはISSや月面に送る計画だ。同社はまた「錬金術師-1（Alchemist-1）」という材料加工用ロボットの開発も行っている。

宇宙資源開発はまだ緒に就いたばかりである。希少金属を大量かつ安価に小惑星から採掘してビジネスとして成立させるまでには時間がかかるのは確かである。一方で技術可能性が確認できれば、資源の地政学に変化をもたらすだろう。例えば排ガスの触媒や燃料電池に使われるプラチナなどの白金族は埋蔵量、生産量ともに南アフリカ、ロシア、ジンバブエに偏在している。また金の埋蔵量はオーストラリア、ロシア、南アフリカ、アメリカなどに偏在しているのである。

宇宙開発競争は科学技術の総力戦である。ロケットや衛星の開発だけではない。人工知能、ロボティクス、材料科学、コンピューティングなど、あらゆる英知を投入して実現される。「ニュースペース」と呼ばれる民間ベンチャー企業の躍動には目覚ましいものがある。この分野では国策中心の中国は精彩を欠く。宇宙開発は「自由な精神」の発露が決定的な役割を果たすのである。

第五章

日本の宇宙開発と宇宙安全保障

†ゼロからのスタートとなった日本の宇宙開発

日本の科学技術研究は第二次世界大戦で壊滅的な打撃を受けた。戦時中、日本は「ゼロ戦」や「はやぶさ」など高度な戦闘機を開発したことから、日本の技術力を恐れたGHQは航空機に関連するすべての研究と教育を禁止した。しかし1950年に勃発した朝鮮戦争を有利に戦うため、GHQは1952年、兵器の製造を解禁したほか、航空機、原子力、宇宙を含む研究開発を事実上解禁した。

日本のロケット開発は糸川英夫東京大学教授が1954年に行った「ペンシルロケット」の実験に始まる。東京大学生産技術研究所の糸川教授らは、東京国分寺市で全長23センチ、直径1・8センチの超小型固体燃料ロケットを水平に発射する公開実験を行い、29機の試射に成功した。

「ペンシルロケット」はその後、「ベビーロケット」、「K（カッパ）」、「L（ラムダ）」、「M（ミュー）」と急速に進化した。とくに「M-V型」ロケットは日本の固体燃料ロケットの集大成で、開発当時、世界最大級の固体ロケットの一つだった。2003年5月9日の小惑星探査機「はやぶさ」の打ち上げにも使われたが、その「はやぶさ」が向かった小惑星「イトカワ」は糸川英夫博士の名に由来する。

ロケットの開発は常に困難を伴う。日本初の人工衛星打ち上げのために開発されていた「L-4S」ロケットは、立て続けに4回、打ち上げに失敗した。1970年2月11日、ようやく5号機で人工衛星「おおすみ」の打ち上げに成功、日本はソ連、米国、フランスに次いで、世界4番目の衛星打ち上げ国となったのである。

1969年に宇宙開発事業団（NASDA）が設立されると、「気象衛星」「通信衛星」「放送衛星」など実用衛星の開発が始まった。国内メーカーの三菱電機は米フィルコ・フォード（FCAA）、東芝はゼネラル・エレクトリック（GE）、日本電気はヒューーズ・エアクラフトと組んで受注競争を展開した。

1970年には米国からの技術導入を前提に、「N-I」ロケットの開発が正式決定された。「N-I」は全長32・6メートル、直径2・44メートルの中型ロケットで、第一段エンジンにはケロシン・液体酸素を推進剤とする米国「ソー・デルタ」のMB-3エンジン、第二段には自主技術の「LE-3」液体エンジンが使われた。

しかし「N-I」ロケットの静止軌道打ち上げ能力は130キロと低く、質量350キロの「ひまわり（気象衛星）」、352キロの「さくら（通信衛星）」、670キロの「ゆり（放送衛星)」の静止軌道への打ち上げは、すべて米国の「デルタロケット」に頼らざるを得なかった。後継の「N-Ⅱ」ロケットは静止軌道打ち上げ能力が350キロまで改善したが、第一段にMB-3、第二段に米エアロジェット製が使われ、むしろ国産化に逆行することとなった。「N」シリーズは「H」シリーズに引き継がれた。「H-Ⅰ」ロケットの第一段には引き続きMB-3エンジンが使われたが、第二段のLE-5エンジンは液体酸素、液体水素を推進剤とした自主開発液体エンジンとなった。「H-Ⅰ」ロケットは全長40・3メートル、直径2・4メートルで静止軌道打ち上げ能力は550キロだった。

続く「H-Ⅱ」ロケットは全長50メートル、直径4メートルの本格的大型ロケットで、第一段にLE-7エンジンが搭載され、国産化率ほぼ100%を達成した。現在主力の「H-ⅡA」ロケットは全長53メートル、直径4・0メートルでトランスファー軌道に最大6トンの打ち上げ能力を持つ。2001年8月29日の初号機打ち上げ以来、2024年1月12日の48号機打ち上げまでに失敗はわずか1回、「H-ⅡB」を含めると打ち上げ成功率は98・2%と極めて高い信頼性を誇る。その「H-ⅡA」は50号機をもって退役することになっている。

引き継ぐのは次期基幹ロケット「H3」である。全長63メートル、直径5・2メートルの大型ロケットで、「自立性の維持」と「国際競争力の確保」を前提に、「柔軟性」「高信頼性」、そ

H-ⅡA ロケット ©JAXA

して「低価格」を目標に開発された。

第一段の新型エンジン「LE-9」の開発は困難を極めた。世界で初めて「エキスパンダー・ブリードサイクル」を採用した高性能液体エンジンだが、「共振動」の解消に手間取り、初号機の打ち上げは2年遅れた。「エキスパンダー・ブリードサイクル」は極低温の推進剤の一部をノズルの冷却に使い、熱交換で気化したガスでターボポンプを回して推進剤を燃焼室に送り込む仕組みである。「LE-9」は前身の「LE-7A」エンジンに比べて1・4倍の推力を持つ。

2023年3月7日、「H3」ロケット初号機が種子島宇宙センターから打ち上げられた。第一段の「LE-9」エンジンは正常に機能したが、第二段の「LE-5B-3」エンジンが点火せず、

H3ロケット1号機 ©JAXA

14分後に破壊指令によって機体は爆破された。原因は第二段エンジンで起きた過電流と特定された。「LE-5B」の原型である「LE-5」は完成度の高い液酸・液水エンジンで、1986年には米マクドネル・ダグラス社から次期「デルタロケット」の第二段として「購入したい」との打診があったほどだ。当時内閣法制局が「宇宙平和利用に抵触する」と判断したことから、売却話は立ち消えとなったが、その後「LE-5A」「LE-5B」と進化を遂げ、「H-ⅡA」「H-ⅡB」ロケットの第二段として、高い打ち上げ実績を支えてきた。開発が難航した第一段は正常に機能し、信頼性が高いはずの第二段が不具合を起こすという皮肉な結果となったのである。

　搭載されていた先進光学衛星「だいち3号」は

失われた。「だいち3号」には地上分解能80センチという高性能センサーが搭載されており、全地球規模の観測が予定されていた。開発費用は３７９億円だった。さらに高性能の「だいち4号」は、２０２４年度に打ち上げが予定されている。新型ロケット初号機の打ち上げは、成功する確率がほぼ5割と言われている。「Ｈ３」２号機は２０２４年2月17日、種子島宇宙センターから打ち上げられ、小型衛星２基の軌道投入に成功した。徹底した原因究明と対策の賜物だった。ＪＡＸＡの山川宏理事長は「こんなにうれしくほっとした日はない。満点です」と心境を語った。

イプシロン試験機打ち上げ ©JAXA

「Ｈ３」とともに日本の基幹ロケットと位置付けられているのが「イプシロン」である。「イプシロン」は「Ｍ-Ｖ」ロケットの流れを汲む固体燃料ロケットである。安価で即応性が高く、「世界一コンパクトな打ち上げ」をコンセプトに2010年に開発が始まった。「H-ⅡA」との機器や部品の共通化などにより、2013年9月14日には試験機の打ち上げに成功した。その後打ち上げ能力の向上、搭載可能な衛星サイズの拡大、複数衛星の同時打ち上げなど、機能は大幅に強化された。打ち上げ市場では小型衛星、超小型衛星、キューブサットなどの打ち上げ需要が拡大しており、国際競争力の発揮が期待されている。

しかし2022年10月12日、鹿児島県内之浦宇宙空間観測所から打ち上げられた「イプシロン」6号機が姿勢制御に失敗、打ち上げから7分後に地上からの破壊指令によって破壊された。原因は「第二段ガスジェットエンジン（RCS）のダイアフラムシール部からの推進薬の漏洩」と断定された。「RCS（Reaction Control System）」は飛行中の姿勢を制御するエンジンシステムで、「ダイヤフラム」は燃料のヒドラジンと燃料を押し出す気体を隔てるゴム膜である。タンクの中で気体と推進剤を隔てていたゴム膜が破損し、パイプをふさいで推進剤がスラスター（エンジン）側に流れなくなるというシンプルな原因だった。

また2023年7月14日には秋田県能代市にある能代ロケット実験場で、「イプシロン」の後継機である「イプシロンS」の第二段モーターの燃焼実験を行っていたところ、点火から57秒後に爆発、真空燃焼棟で火災が発生する事態となった。原因は点火装置の一部であるイグブースターと呼ばれる金属部分が溶融して飛び散り、推進剤に着火したためで、炭素繊維強化プラスチック（ＣＦＲＰ）製のモーターケースが想定以上の高温となって破壊されたものと特定された。

液体燃料の大型ロケット「Ｈ３」と固体燃料の小型ロケット「イプシロン」は日本の宇宙開発を支える車の両輪である。

†世界をリードする日本の精緻な深宇宙探査

１９７０年に日本初の人工衛星「おおすみ」を打ち上げて以来、衛星を使った日本の宇宙科学研究は独自の成果を挙げてきた。Ｘ線天文衛星では１９７９年の「はくちょう」、１９８３年の「てんま」、１９８７年の「ぎんが」、１９９３年の「あすか」、２００５年の「すざく」と続き、世界のＸ線天文学をリードした。「すざく」は高分解能のＸ線検出装置を搭載しており、銀河の分厚いガスに隠されたブラックホールの発見や星から超新星爆発に至る間の元素合成の解明などで成果を挙げた。６機目となる「ひとみ（ＡＳＴＲＯ-Ｈ）」は２０１６年２月17日に打ち上げられたが姿勢制御に失敗し、残念ながら短期間で役割を終えた。

２０２３年９月７日、新型Ｘ線分光撮像衛星「ＸＲＩＳＭ（クリズム）」が小型月探査機

「ＳＬＩＭ」とともに打ち上げられた。「クリズム」には効率よくＸ線を収集する望遠鏡「ＸＭＡ」、広帯域のＸ線の画像が得られるＸ線ＣＣＤカメラ「Xtend」、それにＸ線のエネルギーを超精密に測定できるＸ線分光装置「Resolve」が搭載された。

とくに「Resolve」は飛び込んでくるＸ線による極微弱な温度上昇をとらえる検出器で、これまでにないエネルギー分解能と広い観測帯域を実現した画期的なＸ線分光器である。宇宙で発生する高温プラズマの状態を調べることで、銀河の成り立ちを解明できるのではないかと期待されている。２０２４年1月5日、ＪＡＸＡは「クリズム」のファーストライト（初期観測）で得られた観測データを公開した。

太陽観測衛星では１９９１年に打ち上げられた「ようこう」と２００６年打ち上げの「ひので」が知られている。とくに「ひので」は２０１７年9月6日と11日の大規模太陽フレアを引き起こした爆発の瞬間をとらえることに成功した。太陽風の源流を初めて特定する発見となったことから、雑誌『サイエンス』が２０１７年12月7日号で特集を組み、「ひので」が撮影した太陽の写真が雑誌の表紙を飾った。迫力ある映像は現在も国立天文台のウェブサイトで見ることができる。

地球磁気圏の観測では１９７８年の「じきけん」、１９８４年の「おおぞら」、１９８９年の

「あけぼの」、1992年の「Geotail」、2016年の「あらせ（ERG）」と続いた。米国NASAとの共同で打ち上げられた「Geotail」は設計寿命を大幅に超える30年間にわたって運用された。また「あらせ」は太陽風の擾乱によって引き起こされる宇宙嵐の発達を直接観測するため、高エネルギー粒子の検出と分析を行う9つの装置を搭載しており、現在も観測を続けている。2021年にはオーロラの電子が高度3万キロ以上まで広がっていることを確認、これまで数千キロと信じられてきた定説を覆すこととなった。

惑星探査では1998年に打ち上げられた火星探査機「のぞみ」が火星周回軌道への投入に失敗したものの、2010年に打ち上げられた金星探査機「あかつき」は数々のトラブルを乗り越えて金星の周回軌道にとどまり、これまで未知の世界だった金星の姿を明らかにした。

また2013年には金星、火星、木星を宇宙空間から観測する惑星分光観測衛星「ひさき（SPRINT-A）」が打ち上げられたほか、2018年には日本と欧州の水星探査計画「ベピ・コロンボ」の一環として水星磁気圏探査機「みお」が打ち上げられた。これまでに打ち上げられた水星探査機はNASAが1973年に打ち上げた「マリナー10号」と2011年の「メッセンジャー」だけだったが、「みお」はESAの水星表面探査機「EPO」と連携して、水星の素顔に迫る。「ベピ・コロンボ」の名称はイタリアの数学者・天文学者のジュゼッペ・

コロンボの愛称に由来する。

彗星探査で筆者の印象に残っているのは1985年に打ち上げられたハレー彗星探査衛星「すいせい」である。76年ぶりに回帰したハレーすい星を観測するため欧州の「ジオット」、米国の「アイス」、旧ソ連の「ベガ」などが打ち上げられ、「ハレー艦隊」と呼ばれる国際協力による観測体制が敷かれた。とくに「ジオット」はハレー彗星の「コマ」と呼ばれる中心部の撮影に成功、欧州宇宙機関から送られてくる画像を「今か今か」と待っていたことを思い出す。「ジオット」の名は1301年に出現したハレーすい星を描いたイタリアの画家ジオット・ディ・ボンドーネに由来する。

小惑星探査では2003年5月9日に打ち上げられた「はやぶさ」、2014年12月3日打ち上げの「はやぶさ2」と続く。2020年12月6日に「リュウグウ」のサンプルを地球に届けた「はやぶさ2」は、次のミッションである「1998KY26」に向けて今も旅を続けている。到着は2031年7月の予定である。

次のビッグプロジェクトは火星衛星探査計画「MMX」である。「MMX（Martian Moons eXploration）」は火星を周回する「フォボス」「ダイモス」という二つの衛星の観測とともに、「フォボス」からサンプルを地球に持ち帰る予定である。

探査機の質量は約4トンで、火星近傍までの往路モジュール、「フォボス」「ダイモス」の探査モジュール、それに地球に帰還する復路モジュールの構成となっている。火星到着まで1年、火星圏で3年、帰還に1年という息の長い探査計画である。

そもそも火星の月である「フォボス」と「ダイモス」はどのようにできたのか？

現在のところ火星がその重力で小惑星をとらえたとする説と火星への巨大衝突（ジャイアントインパクト）で飛び散ったという二つの説に分かれている。「MMX」が火星の月誕生の謎を解き明かすのではと期待される。

「フォボス」の表面には火星から吹き飛ばされた塵が積もっている。「MMX」がもし2024年に打ち上げられていれば、NASAよりも早く、2029年度に世界初となる火星のサンプルリターンを実現できていた可能性がある。しかし残念ながらH3ロケットの開発が遅れたことから、2年程度延期されることになった。

宇宙科学分野では日本は米国NASA、欧州ESAと並んで三極の一角を構成している。将来の深宇宙探査に向けた先端技術の開発を担うのが深宇宙探査技術実証機の「DESTINY＋」である。「深宇宙」とはどこを指すのか、実はあいまいな定義しかない。通信分野では世界電気通信連合の世界無線規則が「200万キロ以遠を深宇宙と呼ぶ」と定義しているが、宇

DESTINY⁺の軌道 ©JAXA

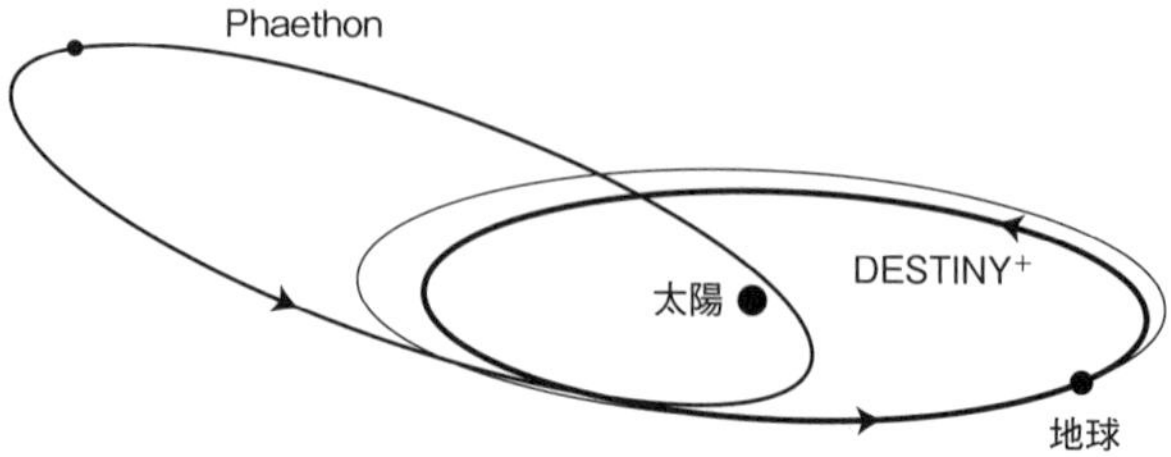

宙科学分野では、地球周辺を離れた宇宙空間を漠然と「深宇宙」と呼ぶことが多い。その意味では月も深宇宙である。

「DESTINY＋」が目指すのは小惑星「フェートン（Phaeton）」である。これまでの深宇宙探査は大型ロケットで探査機を惑星間に投入する方法がとられてきたが、「DESTINY＋」は小型ロケットや大型の衛星との相乗りを利用して、安価で高頻度の深宇宙探査を目指す。そのための技術はまさに革新的である。

打ち上げには4段目に小さなエンジンであるキックステージを追加したイプシロンSが使われる。探査機は地球周回軌道に投入された後、イオンエンジンによるスパイラル上昇で1年半かけて自力で月の重力圏に入り、月を起点としたスイングバイで地球の重力圏を脱して惑星間に旅立つ。その後太陽を周回する軌道に入り、約2年かけてイオンエンジンで減速しながら「フェートン」との会合点を探るのである。

こうした極めて精緻な「軌道計画」を支えるのが「はやぶさ」「はやぶさ2」に搭載した独自開発のイオンエンジンである。高温の燃焼ガスを噴射する化学推進ロケットに比べて桁違いに高い排気速度が得られるため、少ない推進剤で大きな軌道変換が可能となる。また「DESTINY＋」で使われる薄膜軽量太陽電池パドルは出力密度が従来の2倍以上と、世界最高レベルの性能となっている。

宇宙空間では「熱」の捨て場所が問題となる。ラジエータで熱を放出すると太陽に隠れた日陰では温度が下がりすぎる。こうした問題を解決するために「DESTINY＋」では熱制御システムの「ループヒートパイプ」と熱環境の変化に応じて放熱、保温、太陽光の吸熱を自律的に制御する「可逆展開ラジエータ」が搭載される。

地球近傍小惑星「フェートン」は「ふたご座流星群」の母天体である。直径約5・8キロで、ダストを放出していると考えられている。ダストは地球に有機物をもたらしたとされる。「DESTINY＋」は秒速36キロという高速で「フェートン」に約500キロまで近づき、ダストの観測を行うことになっている。その間、わずか数分で失敗が許されない。日本の技術力が試されることになる。

†宇宙が戦闘領域となった日

平和利用が原則のはずの宇宙がにわかにきな臭くなってきた。宇宙が「戦闘領域（War-Fighting Domain）」であると公に宣言したのは米国のトランプ前大統領である。２０１９年12月20日、陸海空３軍、海兵隊、沿岸警備隊に続く6番目の軍種となる「宇宙軍（Space Force）」の創設にあたり、トランプ大統領は「宇宙は最も新しい「戦闘領域」である」と語った。新しい軍種の創設は１９４７年の空軍創設以来である。宇宙軍のミッションは宇宙における米国の利益を守ることで、空軍が「圧倒的航空優勢」を目指すのと同様、宇宙での圧倒的な優位を実現することにある。宇宙軍は1万６０００人体制で発足した。

これより先、２０１９年8月29日には「統合軍」として11番目となる「宇宙統合軍（Space Command）」を発足させた。統合軍は地域別、機能別に軍種を超えて編成される実働部隊で、日本をカバーする「インド太平洋軍」、中東の「中央軍」、北米担当の「北方軍」などのほか、機能別に特殊部隊の「特殊作戦軍」、核兵器を担う「戦略軍」、サイバー領域を担当する「サイバー群」などがある。名実ともに宇宙はサイバー・電磁波と並んで「戦闘領域」と位置付けられたのである。これに呼応して米欧の軍事同盟である北大西洋条約機構（ＮＡＴＯ）は２０１

9年11月20日、宇宙を陸海空、サイバー空間と並ぶ「第5の作戦領域とする」と宣言した。

米国を宇宙軍創設に向かわせたきっかけの一つは、中国が2007年に行った衛星破壊実験である。中国は2007年1月12日午前7時28分（日本時間）、四川省西昌付近の高度865キロの宇宙空間で、ミサイル搭載の対衛星兵器で自国の衛星「風雲1号C」の破壊実験を実施した。「風雲1号C」は1999年5月10日に太陽同期軌道（極軌道）に打ち上げられた気象観測衛星で、すでに寿命を終えていた。打ち上げ時の重量は約960キロで、3000個を超えるスペースデブリを発生させた。デブリの分布はもともとの軌道高度である約870キロを中心に、高度200キロから最高3600キロにまで広がった。

中国はその後も「ASAT（anti-satellite weapon）」兵器の開発を進めている。2023年11月に公表された米国防総省の「中国国防報告」によると、「人民解放軍は衛星攻撃兵器（Kinetic-Kill Missile）、地上配備レーザー兵器、軌道上ロボット（Orbiting Space Robots）、宇宙監視能力などを獲得しつつある」と警告している。

衛星は軍の目であり、耳である。米軍はとくに衛星への依存度が高いといわれる。しかし攻撃に対しては脆弱だ。衛星には鎧も兜も着せることができないのである。

ASATの開発に熱心なのは旧ソ連も同様で、1968年には実験に成功、1970年代初めには実戦配備していた。ロシアはその後も2017年、2020年、2021年と立て続けに複数回の衛星破壊実験を行っており、地上からミサイルで攻撃する「衛星攻撃兵器（Kinetic-Kill Missile）」のほか、目標とする衛星と同じ軌道に「キラー衛星」を投入し、物体を打ち込む方式などの研究を行っている。

ほかにも衛星に付きまとう「ストーカー衛星」や近傍からレーザーなどでセンサーだけを破壊する手法、強力な電磁波を照射して衛星の機能を喪失させる方法などが考えられている。

米国は1970年代後半から空中発射ミサイル方式のASAT開発に着手した。戦闘機に搭載されたミサイルを高度1万2000キロで空中発射し、低軌道衛星に命中させる方式で、1980年代半ばには実験に成功していた。しかし発生するデブリが宇宙開発計画に支障があるとの判断で、配備計画は中止された。また1960年代には恐るべきことに核弾頭で衛星を破壊する兵器が実戦配備されていた。

2022年12月7日、国連総会は衛星破壊実験の禁止決議を承認した。決議には155か国が賛成、中国、ロシア、イランなど9か国が反対、インドなど9か国が棄権した。そのインドは2019年3月27日、衛星破壊実験に成功したと発表した。米国、ロシア、中国に次いで4か国目で、モディ首相は「インドは今日、前例のない偉業を達成した」と語ったが、禁止される前の「駆け込み実験」であったことは疑いない。

†ベールに包まれる軍事衛星の世界

古来より戦時にはより高いところに上がって、敵情を偵察するのが兵法の定石である。衛星を使った偵察技術の研究開発は第二次世界大戦直後に始まった。米国は衛星に望遠鏡やカメラ、テレビカメラを搭載して、相手国を上空から撮影する計画を進めていた。しかし当時の技術では分解能が約60メートルと低く、相手国の内部で何が起きているかを知ることはほとんどできなかった。

1957年のスプートニク・ショックにより、大陸間弾道弾（ICBM）が現実のものとなったことから、偵察衛星の開発は喫緊の課題となった。初期の偵察衛星は上空で撮影したフィルムを地上で回収する方式で、1960年8月10日、米国はディスカバラー13号で初めてフィルムの回収に成功した。これより先、5月1日にはソ連上空で高度約2万メートルを飛ぶ偵察機「U-2」が撃墜されたことから、地上からの攻撃を受けることがない地球低軌道からの偵察は、さらに重要性が増したのである。

最初の「宇宙戦争」と言われるのは1990年8月2日に起きた湾岸戦争である。湾岸危機が発生すると米国は空軍の早期警戒管制機（AWACS）を派遣、インド洋と大西洋に防衛衛星通信システム（DSCS）用通信衛星2基を配備した。またイラクによるスカッドミサイルの発射を探知するため、弾道ミサイル早期警戒衛星（DSP）を活用したほか、イラク軍の動向を常時監視する偵察衛星や通信を傍受する電子情報収集衛星がフル稼働した。さらに航空作戦の実施にあたって気象観測衛星が活躍し、部隊間の連絡などには民生用を含めた各種の通信衛星が活用された。

軍事衛星の詳細はベールに包まれている。部隊や軍事施設の監視には多彩な偵察衛星が使われる。光学センサーを搭載する衛星に加えて、合成開口レーダー（SAR）を搭載した衛星も増えている。SARは衛星からマイクロ波を発射して、反射波を観測することから、雲に覆われた地表も「見る」ことができる。米国の偵察衛星としては俗称「KH（Key Hole）」と呼ばれる偵察衛星が知られており、現在最新の「KH-13」が運用されている。また合成開口レーダー衛星としては「ラクロス」などが知られている。ロシアは「コスモス」シリーズ、中国は「遥感」や「高分」と呼ばれる衛星のシリーズがこれにあたる。

弾道ミサイル早期警戒衛星はICBMなどのミサイルが発射されるときの熱を感知する衛星である。「DSP（Defense Support Program Satellite）」と呼ばれ、赤外線センサーを搭載して相手国のＩＣＢＭサイロなどを常時監視している。中国は現在早期警戒システムを構築中と見られ、「通信技術試験衛星」や「実践」衛星の一部がＤＳＰ機能を保有するとみられている。２０２３年11月３日には「通信技術試験衛星10号」の打ち上げに成功した。

無線の防諜には電子情報収集衛星が使われる。敵の通信やレーダーの情報、船舶や航空機が発する電波の情報などを検出、傍受、分析するシステムで、ＥＬＩＮＴ衛星とも呼ばれる。ＥＬＩＮＴとは「Electronic Intelligence」の意である。中国「実践」シリーズの一部もＥＬＩＮＴ機能を持つといわれている。

衛星通信は軍の神経である。米国は様々な周波数帯を使った複数の軍用衛星通信網を構築している。高抗たん性通信では「ミルスター（ＭＩＬＳＴＡＲ）」「ＡＥＨＦ」「ＵＦＯ／Ｅ」「ＩＰＳ」「ＥＰＳ」などのシステム、広帯域衛星通信分野では「ＷＧＳ」「ＤＳＣＳ」などのシステム、狭帯域衛星通信では「ＵＦＯ」「ＭＵＯＳ」などのシステムが知られている。またインテルサットなどの商用回線も使われており、その比率は軍用通信の4割を超えるといわれる。

軍用衛星通信のレジリエンス（抗たん性）を保証するため、米軍は通信に「ＰＴＷ（Protected Tactical Waveform）」と呼ばれる防御機能を設けている。今後はより大容量・低遅延の衛星間光通信や絶対に秘密が破られない量子衛星通信が実戦でも使われるようになるだろう。

現代の科学技術はすべて「デュアルユース（軍民両用）」である。気象観測衛星のデータは部隊の運用や航空機・船舶の航行に欠かせない。また地球観測衛星による高精度の立体地図情報がなければ巡航ミサイルの誘導は不可能である。

航行測位衛星は航空機や船舶の位置情報把握だけでなく、ミサイルの誘導にも使われる。海面観測衛星は船舶の効率的航行に加えて、潜水艦の「音」の伝わり方を割り出すために使われている。さらに地球重力観測衛星はミサイルの命中精度を上げるため、地球のわずかな重力の変化をとらえるのに使われている。

宇宙の軍事利用で圧倒的な優位を誇る米軍は、国防総省傘下の宇宙開発庁（Space Development Agency）が通信、偵察・監視、電子情報収集、全球航法、戦闘管理、抑止力、ミサイル追尾、ミサイル防衛など、様々な機能を持つ約１２００機の衛星から成るコンステレーションを統合的かつ多層的に相互接続するため、「スペース・センサー・レイヤー（ＳＳＬ：Space Sensor Layer）」を構築中といわれる。

米宇宙軍は２０２３年11月27日、ＳＳＬの一部を構成する衛星６基を「ミレニアム・スペース・システムズ」に発注した。６基の衛星は弾道ミサイルや極超音速ミサイルを探知、追跡するため、中軌道（ＭＥＯ）に配備される。また２０２４年１月16日には「Ｌ３ハリス」「ロッキード・マーチン」「シエラ・スペース」とミサイル追跡衛星の製造・運用契約を結んだ。超音速ミサイルを飛行の全段階で追跡できる能力を持つことになる。

さらに2024年3月、スペースXの「スターシールド」部門が米国家偵察局と2021年に18億ドルでスパイ衛星網を構築する契約を結んでいたことが明らかとなり、中国人民解放軍が強く反発している。

中国も同様のシステムを目指していると思われるが、ほとんどベールに包まれている。米宇宙軍トップのチャンス・ザルツマン作戦部長は2023年3月14日、人民解放軍が347基の情報収集・監視・偵察衛星（ISR：Intelligence、Surveillance、Reconnaissance）を運用していると語った。

中国は米国の宇宙戦略を厳しく批判する。2019年7月14日に公表された「新時代の中国の国防（新時代的中国国防）」では、「米国は国家安全保障戦略と国防戦略を調整し、一国主義的政策を追求し、大国間競争を誘発・激化させ、軍事費を大幅に増加し、核・宇宙、サイバー、ミサイル防衛及びその他の分野において能力の向上を加速させてきた」と名指しで非難した。

中国は宇宙の「目」となる地球観測衛星、神経である通信衛星、それに航行測位衛星「北斗」を「宇宙インフラ」と位置づけ、これらを守ることが「国家安全保障上の重要課題である」と強調している。

宇宙の軍事利用は衛星やロケットだけでは完結しない。様々な衛星をコントロールする地上の管制システムや衛星データの送受信を行う地上局を広い範囲で展開しなければならない。中国は国内で北京と西安に管制センターを持つほか、陝西省、山東省、新疆《しんきょう》ウイグル自治区、雲南省、青海省、湖北省などに約20か所、海外ではパキスタン、アフリカのケニア、ナミビア、それにアルゼンチンなどに衛星追跡センターを持つ。

2022年10月4日、米国の主要シンクタンク、戦略国際問題研究所（CSIS）は南米のアルゼンチン、ブラジル、ベネズエラに設置された地上局が、米国や他の国の衛星を偵察、監視、標的にする可能性があると指摘した。CSISはまた2023年4月、中国が南極の中山基地に建設している地上局が「他国の衛星通信傍受に使用可能である」と指摘した。中国はこうした報道を否定しているが真相は不明である。

†動き出した日本の宇宙安全保障

日本の宇宙開発は「平和利用」を前提に始まった。1969年6月13日には「わが国における宇宙の開発及び利用に係る諸活動は、平和の目的に限り、かつ、自主、民主、公開、国際協力の原則の下にこれを行うこと」との国会決議がなされている。

1998年8月31日、朝鮮民主主義人民共和国（北朝鮮）がミサイル「テポドン」を発射、日本列島上空を越えて三陸沖の太平洋上に落下した。筆者は当時、ピョンヤンで取材中だったが、街はいたって平穏だった。「テポドン」をきっかけに、平和利用に徹してきた日本でも、宇宙軍事利用への道が開かれていくことになった。

2008年5月8日には「宇宙基本法」が制定され、2013年1月25日には政府の宇宙開発戦略本部が「宇宙基本計画」を策定した。軌を一にして「宇宙状況把握」（SSA：Space Situational Awareness）の整備を盛り込んだ国家安全保障戦略が策定された。宇宙状況把握とは衛星や宇宙飛行士を脅威から守るため、軌道の状況などを把握するインフラである。

2020年5月18日、米国宇宙軍の創設に呼応して、航空自衛隊に「宇宙作戦隊」が新編された。2022年3月17日には「宇宙作戦軍」に格上げされ、2023年3月16日には「第1宇宙作戦隊」「第2宇宙作戦隊」「宇宙システム管理隊」に再編された。

さらに2023年6月13日、政府の宇宙開発戦略本部は「宇宙安全保障構想」を決定、今後10年間の取組みが示された。「宇宙安全保障構想」には政府が保有する「情報収集衛星」の機数増、弾道ミサイルや極超音速滑空兵器（HGV：Hypersonic Glide Vehicle）に対応するミサイル防衛用宇宙システムの技術実証、準天頂衛星の機能向上、耐傍受性・耐妨害性のある防衛通信衛星の整備、それに宇宙物体の意図や能力を把握する宇宙領域把握（ＳＤＡ：Space Domain Awareness）衛星の保有などが盛り込まれた。

日本は現在、光学衛星２機とレーダー衛星２機の「情報収集衛星」を保有しており、特定地点を１日１回観測できる体制を整えている。２０２３年１月25日には「レーダー７号機」の打ち上げに成功、２０２４年１月12日には「光学８号機」の打ち上げに成功した。将来は設計寿命を越えた衛星を除いて、光学衛星４機、レーダー衛星４機、データ中継衛星２機の10機体制を目指す。

情報収集衛星の軌道高度は約４９０キロ、軌道面は地球をほぼ南北に横切る太陽同期準回帰軌道で、同一時刻に同一地点の上空を通過する。日本上空を通過する時刻は毎日午前10時30分から11時までとなっている。

準天頂衛星「みちびき」の軍事利用も始まりつつある。「みちびき」は日本の上空で８の字を描くようにとどまっており、米国のＧＰＳと連携してセンチメートルクラスの高い分解能を実現することができる。現在４機で運用しているが、７機体制への移行が進められている。

新たに打ち上げられる５、６、７号機のうち、６号機と７号機に米宇宙軍のセンサーが搭載されることになったことから、「米国の宇宙軍事利用を補完する」として国会でも取り上げられた。日本の衛星が外国の安全保障に供されるのは初めてのことで、どんなセンサーが搭載されるかは全く不明である。

日本も宇宙安全保障に取り組まなければならない国際環境にあることは間違いない。しかし「宇宙安全保障構想」にあるような宇宙インフラを構築するとなれば、膨大な費用が掛かることを覚悟しなければならない。

†増え続けるスペースデブリと「宇宙防衛」

2009年2月9日、北シベリアの上空789キロで米イリジウム社の通信衛星「イリジウム33号」とロシアの軍事衛星「コスモス2251」が衝突、二つの衛星は大破した。宇宙での衝突事故は初めてのことで、大量のスペースデブリが発生した。宇宙利用が進めば進むほど、「スペースデブリ」の問題を避けて通ることができない。

欧州宇宙機関（ESA）の2020年のデータなどによると、軌道上で稼働する衛星の数は約2000機で、すでに寿命を迎えた3000機を加えると、約5000機が地球軌道上を周回している。大きさ10センチ以上のスペースデブリは約3万4000個、1センチ以上は20万

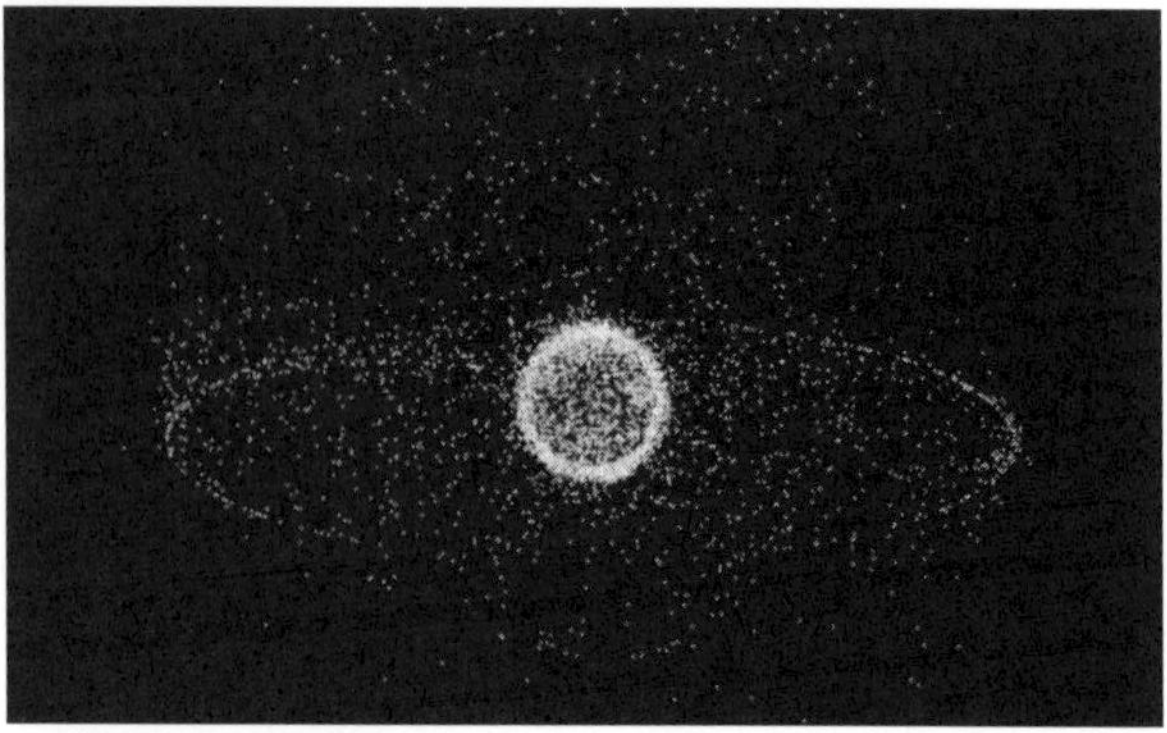
スペースデブリ ©NASA

個以上、1ミリ以上となると1億2800万個にも上る。

宇宙空間ではデブリが秒速7キロを超える猛烈なスピードで飛び交っていることから、たとえ1ミリとはいえ、金属を貫くほど破壊的な運動エネルギーを持っている。国際宇宙ステーションISSは1999年以来、37回のデブリ回避行動を実施した。2023年8月には2回、11月にも1回、エンジンを噴射させて軌道を変更した。

一方JAXAが2023年10月に発表した「軌道利用の安全に係るレポート」によると、衛星打ち上げ数はスペースXスターリンク衛星の打ち上げが本格化した2020年以降、急増しており、2023年には累計で1万機に迫る勢いだ。そのうち4000機ほどはすでに寿命を迎えている。

観測可能なデブリを含めた「軌道上物体」の分布をみると、最も混雑しているのが地球低軌道（LEO）である。高度2000キロ以下の軌道には約2万1800個の「軌道上物体」がひしめいており、とくに高度600キロ近辺が突出して多い。軌道傾斜角で見ると、「太陽同期軌道」が最も多い。気象衛星や地球観測衛星、それに偵察衛星が多い軌道である。国別の割合では米国が1万1644個と最も多く、続いてロシアを含むCIS（独立国家共同体）が7266個、中国が5287個と続く。日本は315個である。

「軌道上物体」は人工物だけではない。惑星間を移動する「流星物質（メテオロイド）」と呼ばれる塵のような物質も少なくない。メテオロイドは30ミクロンから大きいものは1メートルにも及び、大気圏に突入すると激しく発光する。地球近傍の宇宙空間には彗星や小惑星を起源としたメテオロイドが一定の密度で存在する。

デブリ発生の最大の原因となっているのが残留推進薬の爆発による破砕事故である。衛星本体やロケットの機体に残っている推進薬が爆発するケースで、多数のデブリが発生する。またバッテリーによる破砕も無視できない。

一方、最も大量に破片を生じるのは「意図的破壊実験」（ASAT実験）である。生じた破片の数でみると、中国による「風雲1号C」のASAT実験では3532個の破片が発生し、現在も2793個が軌道上を周回している。またロシアが2021年11月に行った「コスモス1408」の破壊実験では1785個の破片が発生した。

米国は2022年4月18日、直接上昇式衛星攻撃兵器の発射実験を行わないと発表、他の国々にも協力を求めた。また米上院は2023年10月31日、スペースデブリ除去プログラムの創設をNASAに指示する法案を可決した。11月14日には航空宇宙企業26社が連名で衛星破壊実験に反対する声明を発表した。

宇宙デブリの監視と除去はクリーンな環境での宇宙利用にとって喫緊の課題である。デブリを取り除く方法としては高出力のレーザーで蒸発させる方法や、大きなデブリを減速して大気圏内に落下させる方法などが考えられている。日本ではスカパーＪＳＡＴと理化学研究所が高出力レーザーを搭載する小型衛星の開発を行っている。軌道上で寿命を終えた衛星にレーザーを照射、発生する蒸気を推力として、衛星本体を減速して大気圏に突入させる手法である。

またアストロスケールは大型デブリに物理的に接近し、除去する技術の確立を目指している。廃棄された衛星は信号を出さず、高速で回転しているため、近づくのは極めて危険である。一方、物理的に接近することで除去だけでなく、衛星の修理や推進剤の補給なども可能となる。ほかにも小さなデブリを巨大なフィルムを広げて減速する方法や、磁石でトラップする方法などが考案されている。JAXAは商業デブリ除去実証プロジェクト「CRD2」を立ち上げ、民間企業と連携してデブリ除去技術の確立に挑戦している。

宇宙のごみ問題は地球軌道だけではない。人類が月に残した物質は墜落または着陸した無人探査機54機を中心に、数百トンにのぼる。1959年の旧ソ連「ルナ2号」に始まり、1969年米国の「レンジャー5号」、1993年日本の「飛天」、2006年欧州の「SMART-1」、2008年インドの「チャンドラヤーン1号」、2009年中国の「嫦娥1号」、クマムシを積んでいたことで話題となった2019年イスラエルの「ベレシート」などが月面に放置されている。アポロ計画で使われた「ムーンバギー」も放置されたままである。いずれ人類が回収する日が来るだろう。

その人類を破滅させかねないのが地球近傍の小天体である。地球にはこれまで何度も小天体が衝突した。とくに6600万年前にメキシコ・ユカタン半島沖で起きた小惑星の衝突は恐竜絶滅の原因になったとされる。直径10キロの小惑星の衝突による衝撃で高さ数百メートルの津波が全地表を覆い、熱で大規模な火災が発生、放出された硫黄を含む粉塵やガスなどで太陽光が遮断され、地球が極度に寒冷化した。全生物の76%が絶滅したとされる。

NASAのデータなどによると、生物の絶滅につながりかねない直径10キロを超える小天体は4個で、衝突の頻度は約1億年に1回である。また人類を破滅に導きかねない直径1キロを超える小天体は約900個、地球に衝突する確率は約70万年に1回とされる。

2013年2月15日、ロシア・チェリャビンスクで隕石が落下し、学校や住宅などの窓ガラスが壊れたほか、約1000人が負傷した。隕石の大きさは約17メートル、重さは1万トンで、衝突によるエネルギーは約500キロトン、広島型原爆の30個分だった。NASAは2016年1月、地球防衛（Planetary Defense）を専門とする組織である地球防衛調整局（PDCO）を設立した。地球近傍の天体を検出し、脅威を評価するプロジェクトである。

NASAはまた2018年8月、ジョンズ・ホプキンス大学応用物理研究所とともに宇宙機を小惑星に衝突させて、軌道を変更する実験を開始した。「DART（Double Asteroid Redirection Test）」と呼ばれる実験で、衛星は2021年11月24日に打ち上げられた。

ターゲットとなったのは地球近傍の二重小惑星「ディディモス」と「ディモルフォス」である。直径780メートルの「ディディモス」の周りを直径70メートルの「ディモルフォス」が11時間55分で周回しており、質量600キロの「DART」衛星を「ディモルフォス」に衝突させることで、軌道がどう変化するかを調べる実験が行われた。

2022年9月26日、「DART」は秒速6キロで「ディモルフォス」に激突、「ディモルフォス」の周期が33分短縮されたことが確認された。NASAによると直径140メートルクラスの小天体が今後100年間の間に地球に衝突する可能性はないが、このクラスの小天体は地球近傍に約2万5000個存在しており、しかも発見率は42％程度だという。

2023年1月26日、直径3・5─8・5メートルの小惑星「2023BU」が地球から3540キロという至近距離を通過した。また2024年2月2日には直径290メートルの巨大な小惑星「2008OS7」が地球から270万キロ地点を通過した。

中国も地球近傍小惑星からのサンプルリターンを計画している。2023年10月22日に開かれた中国科学技術協会年次総会で中国月探査プロジェクトの呉偉仁《ごいじん》総設計師は、地球近傍小惑星が地球に衝突する可能性について言及したうえで、「数千万キロ離れた小惑星のサンプル採取と探査を行う予定だ」と語った。2025年をめどに、「DART」と同様の実験を行うとみられる。

日本でも天体の衝突から地球を守ることを目指して地球に接近する天体の発見・監視・追跡を行うNPO法人「日本スペースガード協会」が活動している。2023年8月には未発見の小惑星を探すことができるアプリ「COIAS」をリリースした。

直径10メートルほどの小天体でも大都市に落ちると大きな被害が予想される。その数は40

HAKUTO-R ランダー©ispace

００万個を超えるといわれるが、未発見のものが大半である。「地球防衛」は全人類的な課題である。「地球環境問題」と同様に、「宇宙環境問題」は国際協力なくして実現が不可能であることを認識すべきであろう。

世界に羽ばたく日本の宇宙ベンチャー企業

宇宙ビジネスでベンチャー企業が果たす役割は極めて大きい。民間の自由な発想やユニークなアイデアが、これまで不可能と思われてきた壁を次々に壊している。宇宙利用のハードルはかつてなく下がり、日本の宇宙ベンチャーもようやく芽を出し始めた。その数は約１００社にのぼる。

真っ先に取り上げなければならないのは「ｉｓｐａｃｅ」である。民間世界初となる月面着陸にチャレンジした歴史的意義は大きい。２０２２年12月11日、「ｉｓｐ ace」の月面探査プログラム「HAKUTO-R」のランダー（月着陸船）がファルコン9で打ち上げられた。精密な軌道制御で月に向かう軌道への投入にも成功、2023年3月21日に月の周回軌道に到達した。4月14日には高度100キロの円軌道で月面への着陸を待つばかりとなった。

日本時間の4月26日0時40分、ランダーは自律制御で降下を開始した。午前1時38分、測定高度と推定高度の急激な乖離が始まったが、ランダーはなおも秒速1メートルというゆっくりとしたスピードで降下を続けた。1時43分、推定高度はゼロとなったが、測定高度は5キロを指していた。ランダーは自分が着陸したと勘違いしてしまったのである。ランダーはその後も降下を続けたが、途中で推進剤がなくなり、月の引力に引かれて時速360キロ以上の高速で月面に衝突してしまった。

ランダーにはタカラトミー、ソニー、同志社大学、JAXAが開発した変形型月面ロボット「SORA-Q」など7つのミッション機器が搭載されていた。原因は着陸地点の変更に伴うソフトウェアの問題だった。5月26日に記者会見した代表取締役CEO兼ファウンダーの袴田武史は無念さを噛みしめながらも、「ポジティブに次のミッションに向けた取組みを開始する」と力強く語った。

ispace 小型月面ローバー©ispace

「ｉｓｐａｃｅ」の設立は２０１０年である。米国Ｘプライズ財団が主催した「Google Lunar XPRIZE」での活躍ぶりが世界の注目を浴びた。日本と欧州の混成チームで参加した「ＨＡＫＵＴＯ」は34チームが競う中、最後の5チームに残った。残念ながら打ち上げには至らなかったが、その技術力は高く評価された。すでに月面で採取したレゴリスをＮＡＳＡに販売する契約を獲得したほか、ＥＳＡの月面水探査プロジェクト「ＰＲＯＳＰＥＣＴ」の研究チームの一員となっている。

２０２３年11月16日、月面着陸のミッション2を２０２４年冬に実施すると発表するとともに、「マイクロローバー」（小型月面探査車）のデザインを発表した。今後の活躍が期待される。

ユニークなビジネスでグローバル展開を目指すのがスペースデブリの低減と除去に挑む「アストロスケール」

である。2017年11月、世界初のスペースデブリ観測衛星「IDEA OSG-1」をロシアのソユーズで打ち上げたが失敗に終わった。「IDEA OSG-1」の観測装置は実にユニークだった。100ミクロンから2ミリ程度の微小デブリがセンサーの薄膜に衝突すると孔があく。その孔のサイズを一定の時間間隔で計測して、軌道上でのデブリの広がり具合を計測するというもので、世界でも例を見ない試みだった。

「IDEA OSG-1」の打ち上げ失敗のあと、アストロスケールは大型デブリの捕獲へとシフトした。2021年3月22日にはスペースデブリ除去技術実証衛星「ELSA-d」を打ち上げ、8月には世界で初めて磁石を搭載した捕獲機構を使って、軌道上で模擬デブリの捕獲に成功した。会社のロゴには「Space Sweepers（宇宙の掃除屋）」とある。ミッションは「持続可能な宇宙環境の創出」である。

2023年9月には米宇宙軍宇宙システム司令部（Space System Command）から燃料補給衛星の開発業務を受注した。軌道上の衛星に直接燃料を補給するには、軌道上で物理的に近づき、マニピュレータで衛星を捕獲し、固定したうえで、燃料タンクの開口部から液体を流し込まなければならない。難易度はとてつもなく高い。燃料補給に成功すれば衛星寿命を大幅に延ばすことができることから期待は大きい。

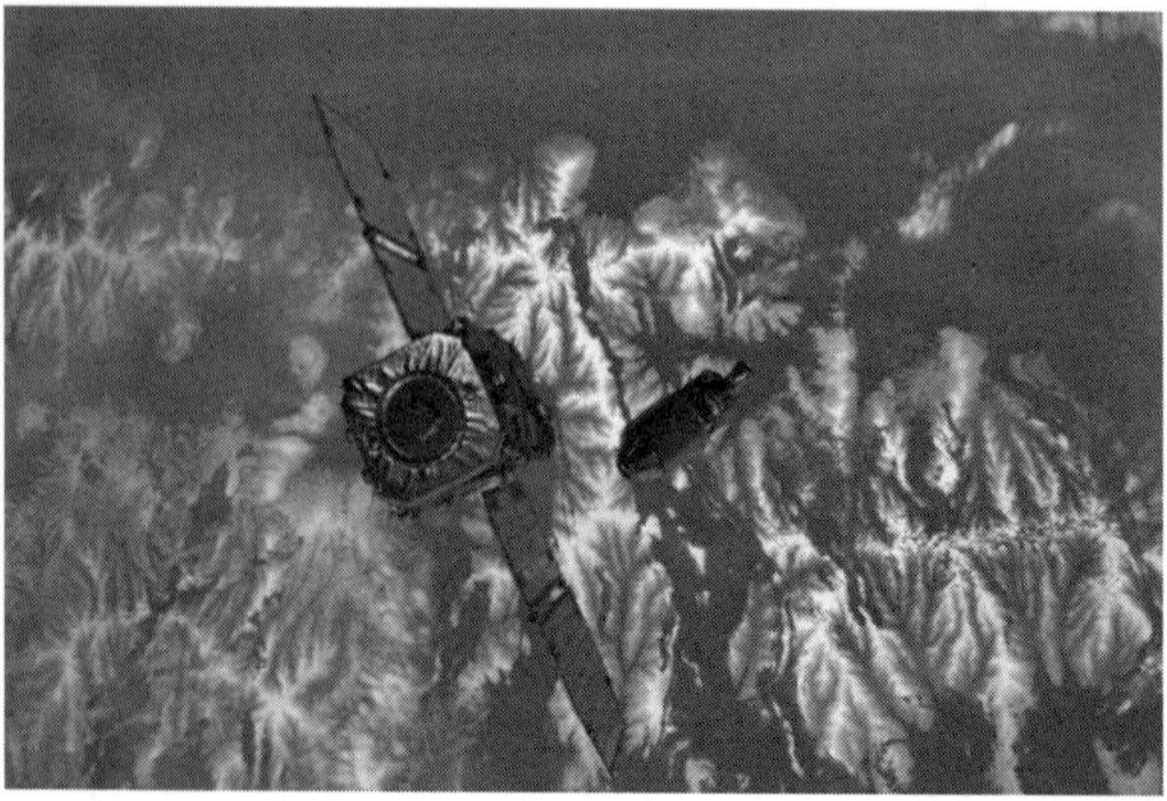

ADRAS-J ©アストロスケール

2024年2月18日、アストロスケールは商用デブリ除去実証衛星「ADRAS-J」をロケットラボの「エレクトロン」で打ち上げた。

「ADRAS-J」は「ランデブー・近接オペレーション（RPO）」と呼ばれる手法で廃棄された衛星やロケットなどの大型デブリに近づき、回転の状況や損傷、劣化の程度を映像で観測する。ミッションの対象は2009年に打ち上げられた「H-ⅡA」ロケットの第2段で、全長約11メートル、直径4メートルで重量は約3トンと大型である。巨大なデブリへの接近は世界初の試みである。

ホリエモンこと堀江貴文が取締役・ファウンダーの「インターステラテクノロジズ」は「宇宙の総合インフラ会社」をスローガンに、安価なロケット開発を進める。同社の源流は2005年に結成された

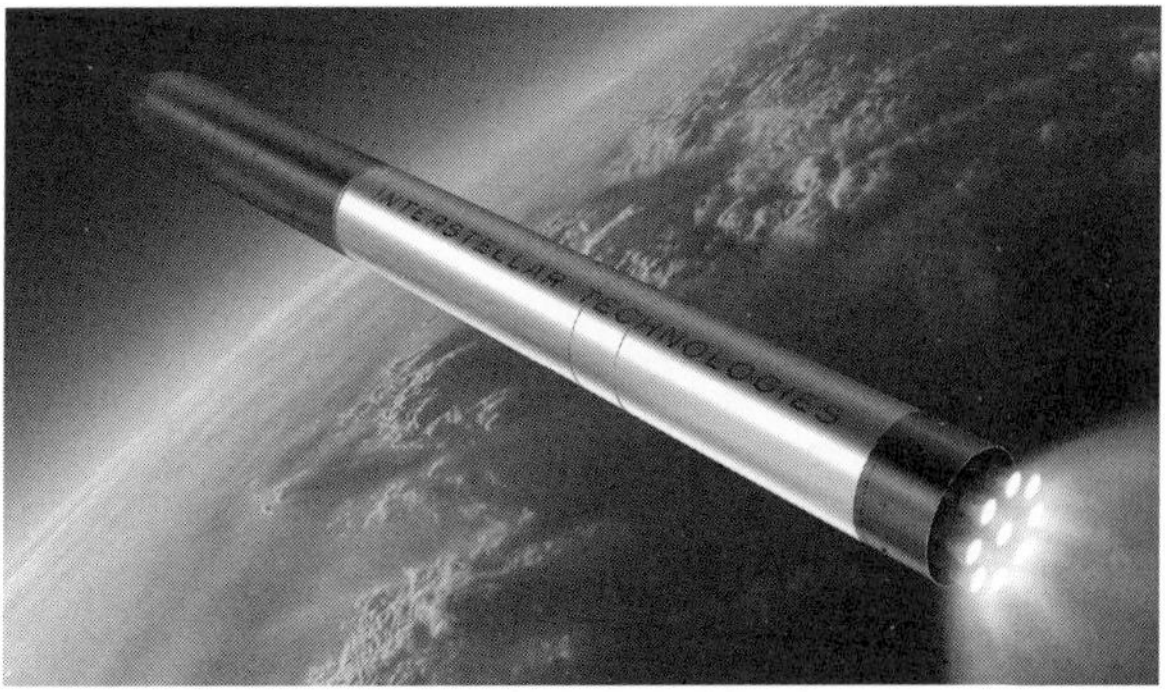

中型ロケット ZERO ©インターステラテクノロジズ

「なつのロケット団」に遡る。漫画『なつのロケット』は作家川端裕人のミステリー小説『夏のロケット』に触発された漫画家あさりよしとおの作品で、１９９９年に発表された。

２０１３年から本格的にロケット開発に乗り出し、苦心の末、２０１９年5月4日に「ＭＯＭＯ３号」で初めて高度１００キロのカルマン・ラインを超えた。「ＭＯＭＯ」は全長10・1メートル、直径０・5メートルの小型ロケットで、到達高度は１１３キロだった。もちろん日本の民間企業としては初めての快挙だが、同時に、カルマン・ラインを超えるには苦難に満ちた試行錯誤が必要であることを思い知らされたのである。

現在、急ピッチで開発を進めているのが全長32メートル、直径2・3メートルの中型ロケット「ＺＥＲＯ」である。「ＺＥＲＯ」は低軌道に８００キロの打ち上げ能力を持ち、1回の打ち上げ費用8億円という超低価格を目指す。競合となる米国ロケットラボのエレクトロンは低軌道への打ち上げ能力が300キロで750万ドル（11億円）である。これと比較すると1キロあたりの打ち上げ単価は3分の1以下となる。

コスト低減の最大のポイントはエンジンに「ピントル型インジェクター」を採用したことにある。ピントル型インジェクターは燃料と酸化剤が同心円状に流れて燃焼器に噴射される方式で、スペースXの「マーリン」でも採用された。最もコストがかかるエンジンの部品数を大幅に削減することでコスト低減につなげるのが狙いだ。全長32メートルは日本の「N-I」ロケットに匹敵する。

2023年7月21日、燃料に家畜の糞尿から抽出したバイオメタンを選定したと発表したことから、世界の注目を浴びた。「酪農王国」北海道の優位性を生かした発想で、「ZERO」は世界で最もエコなロケットとなるかもしれない。12月7日にはエンジン「COSMOS」の燃焼実験に成功、12月19日には第二段エンジン用のタンクの圧力試験にも合格した。

インターステラテクノロジズがベースとするのは北海道広尾郡大樹町の「北海道スペースポート」である。「北海道にシリコンバレーをつくる」とのコンセプトで、打ち上げ射場やスペースプレーン用の滑走路整備が行われている。2021年4月に本格稼働を開始した。大樹町の優位性は広大な土地を確保できることに加えて、南と東に海が開けていることである。比較的晴天の日が多く、気象が安定していることから、民間宇宙ハブとしての役割が期待されている。

筆者が最も注目する宇宙ベンチャーの一つが「ＧＩＴＡＩ（ギタイ）」である。「ギタイ」のミッションはロボティクス技術を使って、「宇宙で安全かつ手ごろな価格の労働力を提供する」ことにある。宇宙利用が進めば進むほど、宇宙空間での作業需要は増大する。真空、無重量の過酷な宇宙空間で人間の生命を維持し、安全に労働するには、１時間当たり約５００万円のコストがかかるという。時給５００万円である。しかも人間が宇宙にとどまることのできる時間は限られている。これまでの宇宙滞在記録はロシア人宇宙飛行士ゲンナジー・パダルカの８７８日だったが、２０２４年2月4日、ＩＳＳに滞在するオレグ・コノネンコが最長記録を更新した。コノネンコは最終的に１１１０日滞在する見通しで、9月23日に地球に帰還する予定だ。

「ＧＩＴＡＩ」は増大する宇宙での作業需要を大幅に削減する目標に挑む。創業者兼ＣＥＯの中ノ瀬翔は「スペースＸやブルーオリジンが宇宙輸送コストを１００分の１にすることを目指しているが、当社は人件費を１００分の１にすることに挑戦する」と語っている。

2021年10月にはISS船内で自律型ロボットアームを使ったパネルの組み立てに成功した。ISSでは「カナダアーム」が活躍中だが、「GITAI」の自律型デュアルロボットアームシステム「S2」は2本のアームが時には独立して、時には協力して、自律的に複雑な作業をこなすことができる。現在、技術実証の真っ最中だ。またユニークな尺取虫ロボットや長い腕のロボットアームを開発するなど、宇宙ロボットの分野では世界のリーディングカンパニーといってよい。

「GITAI」のロボット技術はISSでの利用にとどまらない。軌道上での衛星への燃料補給、修理、メンテナンス作業に加えて、月面での探査や月面基地の建設作業も視野に入る。2023年12月には米国防高等研究計画局（DARPA）の月面ロボティクス・ソリューション「LunA-10」のメンバーに選定された。

「GITAI」には二本足ロボットで世界をうならせた「SHAFT（シャフト）」の技術力が継承されている。「SHAFT」は東京大学情報システム工学研究室でロボットと人工知能を研究していたメンバーが中心となって2012年5月に設立された。国内では注目されなかったが、海外では高い評価を受け、2013年11月にGoogleの傘下に入った。2013年12月に行われたDARPAのロボティクス・コンテストで他を圧倒して第1位となり、その技術力は世界に鳴り響いた。しかしGoogleはロボットから撤退、ソフトバンクグループなどが4本足ロボットで知られるボストン・ダイナミクスと合わせて買収を試みたが、不成立となった。

「GITAI」は月面用のロボットローバーを開発、ドリルによる採掘やサンプリングなど、月面で必要となる作業に関する地上での実証実験に成功しており、アルテミス計画でも実力を発揮することが期待されている。

†大学発宇宙ベンチャーの現在と未来

東京大学大学院工学系研究科の中須賀《なかすか》真一教授は「宇宙ベンチャーの父」と呼ばれる。中須賀教授らは2003年6月30日、「XI-IV（サイ・フォー）」と呼ばれる「キューブサット」の打ち上げに世界で初めて成功した。「キューブサット」は縦横高さが10センチ、質量約1キロの超小型衛星で、米スタンフォード大学のロバート・ツイッグス教授が教育目的で提唱した。

これほど小さな衛星バスにエネルギー源、姿勢制御システム、通信システム、それにセンサーを搭載するには高度な技術が必要となる。中須賀教授らは民生用の部品、材料を駆使して実現した。

「キューブサット」はその後、東京工業大学、北海道工業大学、日本大学、東北大学、香川大学、都立産業高専、創価大学、鹿児島大学、早稲田大学など数多くの大学で開発、製造、打ち上げが行われるようになった。中須賀教授は「キューブサットの父」とも呼ばれる。

小型衛星ではそのほか九州工業大学、千葉工業大学などが高い技術力と実績で知られている。日本の宇宙ベンチャーの人材はこうした大学の研究室から飛び立った。

東大発宇宙ベンチャーの先輩格が「アクセルスペース」である。すでに「老舗」と言ってよい。2008年8月の設立である。

「アクセルスペース」は小型衛星「GRUS」で安価かつタイムリーなリモートセンシング事業を展開している。「GRUS」は質量100キロほどだが地上分解能は2・5メートル、農林水産業に加えて地図作製、地理空間情報「GIS（Geographic Information System）」の構築、災害監視などを主力の事業としている。米国「プラネットラボ」と競合するが、「オーダーメイドでのタイムリーな観測」を売り物にしている。

地球温暖化で戦略的重要性が増している北極海の海氷監視衛星「WNISAT」をウェザーニュースから受注したことで名を馳せた。「WNISAT」は2013年11月に打ち上げられた。またリカバリー衛星の「WNISAT-1R」は2017年7月14日、高度600キロの太陽同期軌道に打ち上げられ、現在も運用中である。

同じく東大ベンチャーの「シンスペクティブ（Synspective）」は小型ＳＡＲ衛星の開発で世界をリードする。２０１８年2月22日に設立された。

合成開口レーダー（ＳＡＲ）を搭載した衛星はこれまで「だいち」の約4トン、「だいち2号」の約2トン、打ち上げに失敗した「だいち3号」の約3トンなど、大型衛星が主流だった。「シンスペクティブ」の小型ＳＡＲ衛星は１００キロと格段に小さいが、５メートルのアンテナを展開して地上分解能1―3メートルを実現、観測幅は10―30キロで、一度に１０００平方キロの観測データが取得可能である。

２０２０年12月15日、小型ＳＡＲ衛星「ＳｔｒｉＸ-α」の打ち上げに成功、翌年2月には日本初となる民間ＳＡＲ衛星による画像取得に成功した。２０２２年3月には2機目、9月には3機目、２０２４年3月には4機目の打ち上げにも成功した。

ＳＡＲの優位性は天候に左右されず、夜間でも撮影が可能な点である。「シンスペクティブ」は小型ＳＡＲ衛星のコンステレーションで世界の変化を把握する「Learning World Platform」を構築する計画だ。

世界最大のＳＡＲ衛星コンステレーションを保有するのはフィンランドの宇宙ベンチャー

「ICEYE」である。すでに31機の打ち上げに成功し、20機以上を運用中である。また米国の「カペラ・スペース」は分解能50センチを誇る7機のSAR衛星によるコンステレーションを運用しており、国家偵察局（NRO）や米軍に画像を提供している。

最近注目の東大発宇宙ベンチャーは「アークエッジ・スペース（ArkEdge Space）」である。「誰もが衛星によるビジネスが可能な未来」を掲げて2018年7月に設立された。「アークエッジ・スペース」はキューブサットの開発、運用をビジネスの中核に据えている。10×10×10センチだけでなく、10×10×30センチの「3U」衛星、10×20×30センチの「6U」衛星など、大量生産に向いた超小型衛星で勝負に出た。

2019年11月20日には受注したルワンダの3U衛星「RWASAT-1」が、ISS「きぼう」からの放出に成功した。また台湾国家宇宙センターと東京大学の6U衛星実証事業で共同研究者に名を連ねるとともに、月に向かう超小型探査機「EQUULEUS」の運用、ソニーの小型衛星「EYE」の運用など、小型衛星の運用にも力を入れる。

2022年11月27日には衛星コンステレーション構築に向けた「OPTIMAL-1」2号機の打ち上げに成功した。「OPTIMAL-1」は3U衛星で、超小型推進系、オンボード・ディープラーニングボード、超小型ハイパースペクトルカメラ、省電力通信などの実証を行う。「アークエッジ・スペース」は政府の経済安全保障重要技術育成プログラム「海洋状況把握に向けた超小型コンステレーションシステムの開発」でも実施主体の一つとなっている。

「水」を燃料とするユニークな超小型衛星を開発しているのが同じ東大発ベンチャーの「Pale Blue」である。2020年4月の設立だが、マイクロ波を用いて超低電力でプラズマを生成する技術は独自かつユニークである。水を燃料とすることにより、エンジンを大幅に小型化できるという。衛星の姿勢制御には高温加熱した水蒸気を噴射するエンジン、軌道制御にはプラズマ化した水を高速で排気するエンジンを開発中だ。水は安価かつ安全で、地球上に普遍的に存在し、なおかつ月でも存在が確実視されていることから応用範囲は広い。

九州大学発の宇宙ベンチャー「QPS研究所」は「シンスペクティブ」同様、SAR衛星のコンステレーション構築を目指す。2019年12月11日、インドのPSLVロケットで1号機「イザナギ」を打ち上げた。2021年1月25日には2号機「イザナミ」、3号機、4号機は打ち上げに失敗したが、2023年6月13日には「アマテル-Ⅲ」、12月15日には5号機の「ツクヨミ-Ⅰ」の打ち上げに成功した。小型SAR衛星36機による衛星コンステレーションで「準リアルタイム地球観測」を目指す。

筑波大学発の宇宙ベンチャー「ワープスペース（WARPSPACE）」は宇宙での衛星間光通信

を目指す。2018年8月に設立され、「世界をよくする宇宙インフラづくり」を目標に掲げる。宇宙空間での衛星間光通信は難易度が高い。何といっても互いに動いている衛星同士を正確に補足追尾（トラッキング）して、常時、送信側から出される細いレーザー光を受信できるシステムを構築しなければならないのである。

「ワープスペース」が目指す「WarpHub InterSat（ワープハブ）」は3基の中継衛星を高度2000キロの中軌道（MEO）に投入し、低軌道に展開する他の衛星からのデータを中継して地上に送り届けるサービスである。中継衛星と地上の間はKaバンドで常時接続する。

低軌道衛星は周回の周期が短く、取得したデータを地上にダウンロードできる時間が1時間に10分程度と短い。「ワープハブ」を経由すれば、ほぼリアルタイムでのダウンロードが可能となる。顧客のリクエストから伝送終了までの所要時間は30分以内を目指している。2023年12月20日、「ワープスペース」はJAXAから月と地球の間をつなぐ光通信用センサーの開発を受託した。

衛星間光通信のニーズは極めて高く、米国でも「レオサット（LeoSat）」が「ファイバーより速く」を目標に、光通信で相互接続された108機の衛星でコンステレーションの構築を目指している。地上での距離が5000キロを超えると光ファイバーより衛星間光通信の方が、通信速度が速くなり、金融取引などの高頻度売買（High Frequency Trading）への応用が期待されている。

「ワープスペース」に加えて「スペース・コンパス」も光データリレーサービスを目指しており、経済安全保障重要技術育成プログラムの一つに取り上げられている。

東北大学発宇宙ベンチャーの筆頭は「エレベーション・スペース（Elevation Space）」である。設立は2021年2月3日と新しい。ISSに代わる宇宙実験プラットフォームを目指す。衛星に実験機器を搭載して地球周回軌道上で無人での実験を行い、カプセルを大気圏に再突入させて回収するというアイデアである。地球上にカプセルを持ち帰るには「再突入」（Reentry）技術とパラシュートなどを使って地上で回収する技術が不可欠である。

ISSでは微小重力を使った創薬や材料開発、生命科学実験などが行われてきたが、「エレベーション・スペース」は短いリードタイムでより高い頻度の宇宙実験ができるプラットフォームを目指す。宇宙実験衛星「ELS-R」の初号機「あおば」は2025年打ち上げの予定である。

†産官学、総力戦の宇宙開発

宇宙の輸送手段であるロケットやスペースプレーンを開発する宇宙ベンチャーは複数ある。２０１８年7月に設立された「スペースワン」は小型ロケット「カイロス」を開発する。「カイロス」は全長18メートル、直径１・３５メートルと小型だが、固体エンジンの三段式ロケットに液体推進系のキックステージを加えて、高精度の軌道投入を目指す。太陽同期軌道への打ち上げ能力は１５０キロである。２０２４年3月13日、初打ち上げを行ったが、5秒後に爆発した。「カイロス」の射場は和歌山県串本町の「スペースポート紀伊」である。「スペースポート紀伊」は民間小型ロケットの射場として「世界最短、最高頻度」の打ち上げ施設を目指す。

「ＰＤエアロスペース」は名古屋をベースに２００７年5月に設立され、完全再使用型のサブオービタル機を開発中だ。２０２３年6月、無人飛行実験機「ＰＤＡＳ-Ｘ06」の飛行試験を沖縄県下地島空港で行ったが、失敗に終わった。大気中ではジェットエンジン、宇宙空間ではロケットエンジンと、単一のエンジンでモードを切り替えて飛行できるのが特徴で、離着陸は飛行機のように滑走路で行うことができる。

２０１７年12月に設立された「スペースウォーカー（SPACE WALKER）」も有翼再使用ス

ペースプレーンの開発を目指す。２０２３年４月にはＪＡＸＡからの出資を受けた。

２０２２年５月には同じく有翼単段式（ＳＳＴＯ：Single Stage to Orbit）の有人スペースプレーンの開発を目指す「将来宇宙輸送システム（Innovative Space Carrier）」が設立された。２０２３年12月19日には北海道スペースポートで日本初となる「トリプロペラント方式」の燃焼実験を行った。「トリプロペラント」は水素、メタン、酸素の３種類を推進剤とするエンジンで、大気圏内ではメタン、大気圏外では密度が小さく比推力の大きい水素を燃料とする方式で、機体の軽量化を図ることができる。

特筆すべきはエンジンの開発にアジャイル方式を導入したことである。開発にかかわるすべてのプロセスをデータ化し、クラウド上で「Ｐ４ＳＤ」という名の研究開発プラットフォームを構築した。研究、設計から開発、試験まで一元管理することができ、工期を大幅に短縮することができるという。

宇宙ベンチャーを立ち上げるうえで、ＪＡＸＡのバックアップが得られるかどうかは、大きな要素となる。２０２１年４月に改正された「科学技術・イノベーション創出の活性化に関する法律」によって、ようやくＪＡＸＡが直接スタートアップに出資することが可能になった。

ＪＡＸＡの出資第１号となったのは、地球観測データを用いて土地の価値を評価する事業を展

日本の宇宙関係予算

年度	宇宙関係予算（補正含む）
2019	3579億円
2020	3652億円
2021	4496億円
2022	5219億円
2023	6119億円
2024	8945億円

開発する「天地人」である。２０１９年５月にＪＡＸＡ職員や農業ＩｏＴ実践者らが立ち上げた。ＪＡＸＡの知的財産や知見を利用して、審査を経てＪＡＸＡベンチャーとして認定された企業は、「天地人」のほか、12社にのぼる。

日本政府は２０２２年を「スタートアップ創出元年」と位置づけ、今後5年間で10兆円規模まで投資を拡大する方針を決めた。とくに宇宙戦略基金として２０２３年11月20日、ＪＡＸＡが宇宙ベンチャーや大学を支援できるよう、10年間で１兆円に上る基金を創設することを閣議決定した。

政府予算全体でみると、宇宙関係予算は補正予算を含めて２０２２年度に初めて５０００億円を超えた。

一方でＪＡＸＡ自身の予算は１５００億円超で、ここ十数年来ほとんど変わらない。補正予算を加えても最大で２３００億円弱である。これに対してＮＡＳＡの２０２３年度予算は２５３億１５００万ドル（約３・８兆円）、ＥＳＡは49億ユーロ（約７８００億円）である。とくに米国では国防総省（ＤｏＤ）がＮＡＳＡを超える巨額の宇宙開発予算を握っている。効率の良い予算の執行が必要なことは論を俟《ま》たない。

規模は小さくても日本独自のユニークな宇宙ベンチャーの芽が吹きだしつつある。超小型、超軽量の月面探査車「YAOKI」を作る「ダイモン」、宇宙デジタルツインの「スペースデータ」、VR技術を使った月面マップの開発に着手した「Yspace」、宇宙商社の「Space BD」、人工流れ星など宇宙エンターテインメントの「ALE」、帝京大学発のスタートアップで宇宙デブリ拡散防止装置の「BULL」、リモートセンシングの「New Space Intelligence」、位置情報分析の「LocationMind」、衛星データとAIで農業に革新をもたらすアプリを開発する「サグリ」など、数え上げればきりがない。

宇宙開発はいわば「総力戦」である。一国の科学技術力、資金力、人材力、そして何よりリーダーシップが問われる。日本が「未来を手にする」ためには、科学技術力全体の底上げが不可欠であることは言うまでもない。産学官が力を合わせて「科学技術立国」の復活に取り組む以外に道はない。

エピローグ

日本が「未来」を手にするために

†宇宙へ行った日本人

宇宙に行ったことのある人の数は世界で約６００人である。その中には一般人も含まれる。地球低軌道までの宇宙空間は近い将来、私たちが自由に行ける空間になるだろう。有人月面探査をめぐる米中の競争は、人類に新しいフロンティアを開くことになる。月までの宇宙空間「シスルナー」は、新たなビジネスチャンスに満ち溢れている。

日本の宇宙開発も大きく動き出した。１９９０年12月、当時ＴＢＳ記者だった秋山豊寛が日本人として初めて宇宙空間に飛び立ってから三十余年、11人の日本人宇宙飛行士と３人の一般人が宇宙から地球を眺めた。日本人が月面に立つ日もそう遠くはない。

ＪＡＸＡは２０２１年12月、13年ぶりに宇宙飛行士の募集を開始、２０２３年２月には２名を宇宙飛行士候補として決定した。諏訪理（１９７７年生まれ）はプリンストン大学大学院地球科学研究科を修了した後、世界気象機関（ＷＭＯ）や世界銀行での経験がある国際派である。米田あゆ（１９９５年生まれ）は外科医で、東京大学医学部を卒業後、東大付属病院、日本赤十字社医療センター、虎の門病院で勤務経験がある。２人は日本人宇宙飛行士として「月ゲートウェイ」や「月面」でのミッションに参加することが期待されている。

宇宙空間へ行った日本人

名前	初飛行	職業	搭乗宇宙船
秋山豊寛	1990年12月 2 日	ジャーナリスト	ソユーズ
毛利衛	1992年 9 月12日	宇宙飛行士	エンデバー
向井千秋	1994年 7 月 8 日	宇宙飛行士	コロンビア
若田光一	1996年 1 月11日	宇宙飛行士	エンデバー
土井隆雄	1997年11月20日	宇宙飛行士	コロンビア
野口聡一	2005年 7 月26日	宇宙飛行士	ディスカバリー
星出彰彦	2008年 5 月31日	宇宙飛行士	ディスカバリー
山崎直子	2010年 4 月 5 日	宇宙飛行士	ディスカバリー
古川聡	2011年 6 月 8 日	宇宙飛行士	ソユーズ
油井亀美也	2015年 7 月23日	宇宙飛行士	ソユーズ
大西卓哉	2016年 7 月 7 日	宇宙飛行士	ソユーズ
金井宣茂	2017年12月17日	宇宙飛行士	ソユーズ
前澤友作	2021年12月 8 日	実業家	ソユーズ
平野陽三	2021年12月 8 日	実業家	ソユーズ

†活発化する宇宙開発競争

宇宙開発分野でのインドの躍進は目覚ましい。月面着陸を果たした「チャンドラヤーン3号」は軌道への投入がきわめて正確だったことから、推進モジュールに約100キロの燃料が残されていた。これを使ってインド宇宙研究機関（ISRO）は推進モジュールを月の引力圏から離脱させ、地球に向かう軌道に投入する試験を行った。インドはソ連、米国、中国に次ぐ有人宇宙飛行計画「ガガニャーン」を進めており、2023年10月21日には有人宇宙船緊急脱出システムの試験を行った。「ガガニャーン」は「空（Gagan）」の「乗り物（Yaan）」の意である。

韓国も本格的な宇宙開発に乗り出した。韓国航空宇宙研究院（ＫＡＲＩ）はロシアと「羅老（ナロホ）」ロケットを共同開発してきたが、２００９年、２０１０年と立て続けに1号機、2号機の打ち上げに失敗した。２０１３年1月30日にようやく3号機の打ち上げに成功したが、ロシアとの契約は終了した。

独自開発に切り替えたものの、エンジンの開発は困難を極めた。ロシアやウクライナから設計図とサンプルを入手してようやく完成にこぎつけた。独自開発の「ヌリ」ロケットは２０２２年6月21日、初めて打ち上げに成功、２０２３年5月25日には観測衛星の軌道投入に成功した。「ヌリ」は全長47・2メートル、直径３・５メートルの三段式で、低軌道投入能力は２・6トンである。

２０２２年11月29日に尹錫悦《ムン・ソンチョル》大統領が発表した「宇宙経済ロードマップ」によると、韓国は産学研の連携により、5年以内に月に到達できるロケットを開発、２０３２年に月面着陸を実現して資源探査を行い、２０４５年には火星への着陸を実現するとしている。野心的な計画である。

イスラエルが探査機で月面に送り込んだ「クマムシ」も世界から注目を浴びた。２０１９年2月22日にファルコン9で打ち上げられたイスラエルの探査機「ベレシート」には、３０００万ページに及ぶ人類の情報やＤＮＡのサンプルとともに、数千匹の乾眠した「クマムシ」が搭載されていた。「クマムシ」はどんな環境でも生き延びられる微小生物で、月面で水を加えると、乾眠から覚めるのではないかと言われている。プロジェクトは人類の絶滅後も、その英知を月面でバックアップするという壮大な計画である。

中東ではアラブ首長国連邦（UAE）が宇宙開発に熱心である。2019年にはISS実験棟の「きぼう」でJAXAと協力してUAEの宇宙飛行士が教育ミッションを実施したほか、2020年には火星探査機「アル・アマル（きぼう）」を日本のH-ⅡAロケットで打ち上げ、火星周回軌道への投入に成功した。石油収入への依存から脱却し、宇宙開発を科学技術人材育成の柱に据える計画である。

イランの動きも活発だ。イラン宇宙機関（ISA）は2023年12月6日、動物を乗せた「バイオカプセル」を打ち上げたと発表した。カプセルの重量は500キロで高度130キロに到達したという。動物の種類は明らかにされていないが、イランはこれまでもサルを乗せたカプセルを打ち上げている。

イランは輸送手段として低軌道打ち上げ能力50キロの「サフィール」を擁しているが、今回使われたのは2020年4月に初打ち上げに成功した「サルマン」ロケットである。2029年までには人間を乗せたカプセルを宇宙空間に打ち上げる計画だという。

忘れてならないのが朝鮮民主主義人民共和国（北朝鮮）の実力である。朝鮮中央通信は北朝鮮が2023年11月21日に軍事偵察衛星「万里鏡1号」の打ち上げに成功したと伝えた。偵察衛星として機能しているかどうかは不明だが、米宇宙軍が衛星番号「58400」を割り当てたことから、軌道投入に成功したことは間違いない。軍事利用一辺倒ではあるが、北朝鮮がロケット開発から衛星製造まで、独自に開発できる高い能力を獲得していることは疑いない。

自前のロケットで衛星打ち上げ能力を持つ国は、ロシア、米国、フランス、日本、中国、インド、イスラエル、英国、ウクライナ、イラン、韓国そして北朝鮮である。英国はすでに運用を停止した。

✝全人類の共同の利益

米衛星産業協会（Satellite Industry Association）のレポートによると、世界の宇宙産業の規模は2022年に3840億ドルとなった。内訳は衛星産業が1130億ドル、地上設備が1450億ドルに対し、ロケット産業は70億ドルである。衛星製造コストや打ち上げ費用の低廉化は今後も進み、サービスは高度化するだろう。市場規模は2040年に1兆ドルを超えるとの予測もある。

通信・放送、リモートセンシング、航行測位だけではない。生命科学、先端材料や次世代センサーの開発、次世代製造技術、人工知能、データ分析技術、ロボティクス、超音速技術など、科学技術のあらゆる分野で宇宙利用が視野に入る時代となったのである。「宇宙イノベーション時代」の幕開けである。

一方で「戦闘領域」としての宇宙も重要性を増している。しかし宇宙は「平和利用」が基本である。1966年に国連で採択された「宇宙条約」は、宇宙空間の探査と利用が「平和目的」であり、なおかつ「全人類の共同の利益」であることを謳っている。

宇宙開発分野での米中の「スペースレース」はこれからも長く続くだろう。科学技術分野では、競争なくして進歩はない。一方で国際協力は不可欠である。宇宙利用を一部の国々が独占する時代は終わり、国際協力をベースにこれからも新規参入は増え続けるだろう。日本は1969年の国会決議で真っ先に宇宙平和利用を宣言した。その精神は今も生かされている。平和利用に徹する日本が、国際協力で強いリーダーシップを発揮することが求められている。「競争」と「協調」こそが人類の歩むべき道なのである。

†日本の科学技術力

21世紀前半の科学技術は大きな地政学的な変化に覆われている。最大の要因は中国の驚異的な躍進と急激な日本の凋落である。米国ワシントンの科学技術系シンクタンク「情報技術イノベーション財団（ＩＴＩＦ）」は２０２３年秋、「中国との経済戦争に勝利する方策」と題する論文を掲げ、「米国はすでに世界最先端技術のリーダーではない」と断じた。その上で、「やるべきことはグローバルなサプライチェーンのデリスキングではなく、貿易を武器として米国を痛めつけようとする中国の能力をいかに減じるかにある」との主張を展開した。論文は米国がすでに劣勢に立たされているとの認識を示して注目された。

筆者がよく知る日本のノーベル賞受賞者もある時、「ひょっとすると科学技術分野で中国は米国を凌駕するかもしれない」とつぶやいた。しかしそのあと、「それでも僕は自由がいいな」と言葉を継いだ。「２０５０年頃までに中国が米国に追いつく」という仮説は、科学技術コミュニティーでは共通の認識となりつつある。

中国の躍進を物語るデータは枚挙にいとまがない。科学技術の成果を示す学術論文の世界では、「量」を表す「論文数」、「質」を表す「被引用度上位10％論文数」、最も高い評価の「被引用度上位1％論文数」のいずれをとっても、中国が米国を抜いてトップに立った。分野ごとでも米国が優位を保つのは医療・ライフサイエンスのみである。

論文の「量と質」で世界最高の研究機関として君臨するのは100を超える研究所と7万人の研究者を擁する中国科学院である。最も権威ある『ネイチャーインデックス2023(Nature Index2023)』によると、中国科学院は研究力評価で2位のハーバード大学、3位のドイツ・マックスプランク協会に大差をつけてナンバーワンに輝いた。東京大学は20位である。

研究者数でも中国は米国を圧倒している。米国の約150万人をはるかに超える約250万人の中国人研究者が、中国国内はもとより、米国をはじめとする世界各国に展開し、科学技術分野での人的ネットワークを形成している。質の高い論文数で日本より上位に位置するカナダやオーストラリアで高度な研究を担っているのは中国人研究者なのである。

研究開発費では政府予算ベースですでに2010年、中国が米国を抜いた。民間を含めた研究開発費総額では、GAFAM(グーグル、アップル、旧フェイスブック、アマゾン、マイクロソフト)をはじめとする民間企業の積極投資により、米国が依然首位を堅持しているが、中国が現在の伸び率を維持すれば、米国に追いつくのは時間の問題である。中国では「科学技術進歩法」の規定により、科学技術予算の伸び率が常にGDPの伸び率を上回るように設定されてい

論文数の各国比較

順位	論文数	被引用度上位10%	被引用度上位１％
1	中国	中国	中国
2	米国	米国	米国
3	インド	英国	英国
4	ドイツ	ドイツ	ドイツ
5	日本	イタリア	オーストラリア
6	英国	インド	イタリア
7	イタリア	オーストラリア	カナダ
8	韓国	カナダ	インド
9	フランス	フランス	フランス
10	カナダ	韓国	スペイン
11	ブラジル	スペイン	韓国
12	スペイン	イラン	日本
13	オーストラリア	日本	オランダ
14	イラン	オランダ	イラン
15	ロシア	ブラジル	スイス

る。

頭脳循環に目を向けると、中国人研究者が米国の科学技術を支えている構造が見てとれる。米国で博士号を取得する約５万５０００人のうち、中国人留学生の数は６０００人を超える。これに米国籍を取得した中国系米国人を加えると一大勢力となる。米国の大学や国立研究機関は、いまや中国人研究者がいなければ、研究が成り立たないとさえいわれる。

宇宙開発でも同様である。米国でロケットや衛星の製造を支えているのは実は中国系エンジニアなのである。同様の構図は半導体産業でも見られる。

世界の大学ランキングでは中国の清華

大学と北京大学がベスト20の常連となった。オックスフォード、スタンフォード、MIT、ハーバード、ケンブリッジ、プリンストン、カリフォルニア工科大学、インペリアル・カレッジ・ロンドン、UCバークレー、イエールなど、伝統ある世界の超一流大学が「ベスト10」入りを目指してしのぎを削る中、清華大学は12位まで駆け上がった。タイムズ・ハイヤー・エデュケーションが現在のルールで発表を始めた2011年には、東京大学が26位、清華大学は58位だった。東京大学は現在29位である。

グローバルな産業競争力を示す指標の一つ、国際特許出願数でも中国は2019年、米国を抜いてトップに立った。いまや中国は世界最大の特許大国であり、特許訴訟大国である。

中国の躍進とは対照的に、日本の凋落は極めて急激である。『ネイチャー』ウェブ版は2023年10月25日、「日本の研究力はもはや世界レベルにない」との記事を掲載した。「日本は世界最大級の研究コミュニティーを持ちながら、世界レベルの研究への貢献度は低下し続けている」と記事は指摘する。

事実、2003年まで米国に次いで2位だった論文数は今や5位、被引用度10%論文数ではイランの後塵を拝して13位にまで転落した。「量」で5位、「質」で13位ということは、日本の論文が粗製乱造であることを示した形となり、深刻な事態となっている。

†科学技術力凋落の原因は

凋落の原因は多々ある。研究者は一様に研究費の不足を挙げる。確かに米・中をはじめ、各国が研究開発投資を増やす中、日本は20年来横ばいである。それでも総額は米・中に次いで第3位である。研究者一人当たりの研究費で見ても、米・中やドイツ・フランスには及ばないが、英国と比べると遜色はない。その英国は研究費総額、研究者数で日本のほぼ半分の規模であるにもかかわらず、質の高い論文数では米・中に次ぐ第3位につけている。金額の多寡もさることながら、配分方法や活用法に問題があることをうかがわせる。

国立大学の基盤的経費である運営費交付金が減額され、競争的資金が肥大化した弊害を指摘する声も少なくない。基盤的経費の削減により、国際学会への参加はおろか、専門雑誌の購読さえもままならないという。競争的資金獲得のための事務的作業が増大し、研究時間が過去10年間で3割以上減少していることも研究力低下の原因となっている。

そもそも日本では高等教育に対する政府支出のシェアが構造的に低く抑えられている。対GDP比でみるとOECD平均が0・99%であるのに対し、日本は0・49%とほぼ半分にとどまっている。

研究を志す若者の数が減り続けていることも深刻な懸念材料である。博士課程への進学者数は他のOECD諸国が毎年二桁の伸び率を記録しているのに対し、日本は15年間で約4割減少した。科学技術コミュニティーでは博士号を持たなければ独立した研究者として認められない。日本では博士号を取得してもアカデミアに残る若手が少なく、「日本から若手研究者が消えている」と東京大学薬学系研究科の教授は危機感をあらわにする。

博士課程に進まない理由は複数ある。大学にポストがない、企業での採用が少ない、キャリアパスが見えないなど様々である。また研究室のエンジンである博士課程進学者に研究の対価が支払われず、年額50万円を超える学費を払っているのはOECD諸国の中で日本だけである。日本では研究者に対するリスペクトが低く、若者が研究者を目指すインセンティブは極めて乏しい。

日本の研究がガラパゴス化しているとの指摘も厳然たる事実である。重要な国際会議で日本人研究者の招待講演が減り、『ネイチャー（Nature）』『サイエンス（Science）』を始めとする主要科学雑誌の日本人論文審査員が減り続けている。また米国で博士号を取得する日本人の数は中国の約6000人、インドの2000人、韓国の1000人に対してわずか100人ほどである。

国立大学ではいまだに「四行教授」が跋扈《ばっこ》しており、世代交代が進まない。ある文科省OBは「国立大学教員の定年延長が間違いだった」と語る。大学を卒業し、同じ大学で助手、助教授、そして教授となり、履歴書が4行で完成することからこの名がついた。ガラパゴス化どころか「蛸壺化」と呼ぶべき現象であり、グローバルでの日本のプレゼンスは危機に瀕している。

企業の研究投資意欲が減退しているとの指摘も重要である。日本の企業はせっせと内部留保を積み上げてきた。1996年以降の内部留保の年間増加率は年平均で10％を超える。しかし売上高に対する研究開発費のシェアは主要国で日本だけが横ばいである。日本の産業界は人材育成を含めて、未来への投資を怠ってきたのである。

†停滞から反転攻勢へ

戦後ゼロからスタートして、営々として築き上げてきた日本の科学技術力は、今まさに瀕死の状態に陥っている。ノーベル賞受賞者で日本学術会議前会長の梶田隆章東京大学教授は、「少なくとも科学技術立国には向かっていない」と警鐘を鳴らす。病巣は深く複雑である。すべては政策の誤りが原因であり、とりわけ総合科学技術・イノベーション会議や文部科学省の責任は重い。

一方で反転攻勢の望みがないわけではない。2000年以降のノーベル賞受賞者数は日本が米国に次いで第2位である。基礎研究重視の伝統は脈々と受け継がれ、ノーベル賞候補の呼び声高い研究者が今も数多く存在する。優秀な若手研究者も少なくない。筆者は日々、大学や研究機関の成果をウオッチしているが、ユニークな発想に驚かされることがしばしばである。

反転攻勢には政治、行政、大学・国立研究機関、産業界、そして社会全体の構造改革が必要なことは言うまでもない。研究開発費の継続的な増額と配分の最適化は不可欠である。政府の科学技術予算だけではない。企業の研究開発投資に対する意欲拡大は急務である。それには市場も変わらなければならない。目先の利益ではなく、成長性を重視する多数の「目利き」の登場が望まれる。

国立大学大学院の事実上の無償化や大学院生への正当な報酬の支払いは、海外では当然のこととして確立されている。筆者は1977年から3年間、フランス政府の給費でボルドー大学大学院に在籍したが、学費はゼロ、毎月フランス政府から支払われる給費と研究室からのサポートで、豊かとは言えないものの、十分に研究生活を楽しむことができた。

若手研究者のキャリアパス確立も不可欠である。産業界での博士号取得者採用の拡大と待遇改善は、間違いなく若手の研究インセンティブを増大させる。もちろん博士号取得者が専門以外の柔軟性を身に付けることも大切である。

大学自身が変わらなければならないのは自明のことである。自律的なガバナンス強化は強いリーダーシップの下、意思と能力があれば不可能ではない。お題目としての「大学の自治」ではなく、大学基金の運用による資金調達や研究成果のマネタイズ、さらには大学発のスタートアップが花を咲かせるようになれば、おのずとガバナンスは強化されるだろう。米国では各大学が兆円単位の基金運用を行っており、自律的な意思決定の基盤となっている。

教員の評価も同様である。任期付き採用から終身雇用ポストに至る道筋を明示するテニュアトラック制度の確立は必須である。また教授の業績評価も重要である。ノーベル賞候補として名前が挙がる東京大学理学部の著名な教授は、「業績が正当に評価されないことが大学を腐らせている」と批判する。筆者がいたボルドー大学では、100人近い研究者を抱える研究室があるかと思えば、大学院生ただ一人の研究室もあり、教授の力量によって大きな差が見られた。

人口減少が進む中、優秀な外国人留学生の獲得は死活的な重要性を帯びている。オーストラリアは外国人留学生のリクルートが産業として成立しているほか、非英語圏のフランスでは「キャンパスフランス（Campus France）」と称して、ウェブ上で留学手続きが完結するシステムを導入している。日本の大学への留学には日本語能力試験や日本留学試験が必須となっているが、頭脳循環の障壁となっていないか再検討すべきであろう。英語で博士号が取得できる大学の専攻科も日本は極端に少ない。

ガラパゴスからの脱却は資金さえ用意すれば、今すぐにでもできる。女性研究者の積極的採用は科学技術人材の裾野を大きく広げるだろう。変革には人と資金と強力なリーダーシップが必要なことは論を俟たない。

†宇宙開発は科学技術の総力戦

宇宙開発は科学技術の総力戦である。宇宙ベンチャーの台頭が、科学技術立国復活の起爆剤となることを強く期待する。読者の中にも人生に一度くらいは宇宙から地球という星を眺めてみたいと思う人は多いだろう。筆者もその一人である。

この夢は近い将来必ず実現するであろう。誰でも宇宙に飛び立てる時代は間近に迫っているのである。

宇宙から地球を見た時、人々は何を思うだろうか。ウクライナやパレスチナ・ガザをはじめとする戦争や紛争、温暖化や大気・海洋汚染などの環境問題、海面上昇、森林火災や異常気象、飢えや貧困、絶滅の危機に瀕する動物や植物など、目を覆う地球の姿に思いを馳せることになるのだろうか。「宇宙開発は大切だが、サステナブルな地球の実現こそ最も重要である」という中須賀真一教授の言葉が心に響く。

本書はちくま新書の編集者、松本良次さんの献身的な作業と叱咤激励なくしては完成することがなかった。同時に松本さんをご紹介いただいた記者仲間で国際政治の専門家である鈴木美勝さんがいなければ、書きかけた原稿が筆者の資料棚に眠ったままとなっていただろう。お二人には心から感謝の辞を述べたい。

宇宙開発は平和利用が基本である。科学技術は「競争」と「協力」によってこそ進歩する。日本の科学技術が真理の探究と人類の福祉に大きく貢献することを強く期待して、筆をおくことにする。

ちくま新書
1793

宇宙《うちゅう》の地《ち》政学《せいがく》

二〇二四年五月一〇日 第一刷発行

著者 倉澤治雄（くらさわ・はるお）

発行者 喜入冬子

発行所 株式会社 筑摩書房
東京都台東区蔵前二-五-三 郵便番号一一一-八七五五
電話番号〇三-五六八七-二六〇一（代表）

装幀者 間村俊一

印刷・製本 三松堂印刷 株式会社

ISBN978-4-480-07619-9 C0240